山西省农业技术推广示范行动项目
山西省现代农业产业技术体系 资助

肉羊养殖实用手册

董宽虎 王仲兵 刘文忠 等 编著

中国农业科学技术出版社

图书在版编目（CIP）数据

肉羊养殖实用手册／董宽虎等编著．—北京：中国农业科学技术出版社，2013.8

ISBN 978－7－5116－1326－4

Ⅰ.①肉…　Ⅱ.①董…　Ⅲ.①肉用羊－饲养管理　Ⅳ.①S826.9

中国版本图书馆 CIP 数据核字（2013）第 148491 号

责任编辑　张孝安　涂润林
责任校对　贾晓红

出 版 者　中国农业科学技术出版社
北京市中关村南大街 12 号　邮编：100081
电　　话　(010)82109708(编辑室)　(010)82109702(发行部)
(010)82109709(读者服务部)
传　　真　(010)82109707
网　　址　http://www.castp.cn
经 销 者　各地新华书店
印 刷 者　北京富泰印刷有限责任公司
开　　本　850mm×1 230mm　1/32
印　　张　4.75　**彩插**　4
字　　数　130 千字
版　　次　2013 年 8 月第 1 版　2014 年 3 月第 2 次印刷
定　　价　22.00 元

编写人员

董宽虎　王仲兵　刘文忠　罗惠娣　张建新
任有蛇　赵　祥　张春香　程俐芬　裴彩霞
佟莉蓉　郑明学　刘建华　古少鹏

内容提要

根据山西省委、省政府提出的落实科学发展观，发展“一县一业”，加快转型发展和跨越式发展的战略决策，为提升基层技术人员养羊业服务水平和农民科学养羊水平，加速养羊业现代化进程，结合山西省养羊业的发展特点，以肉羊优势生产区为重点，以科技示范户和基层服务站为核心，坚持科技人员直接到户、良种良法直接到场、技术要领直接到人的理念，在山西省农业技术推广示范行动项目（SNJTGSFXD201217）山西省现代农业产业技术体系羊产业体系资助下，结合山西省养羊业的生产实际和养殖户的需求，有针对性地编写了包括适应山西省养殖的肉羊主导品种、肉羊经济杂交、肉羊繁殖配种、饲养管理、肉羊育肥、饲草饲料生产和配制、肉羊养殖设施、疫病综合防治等肉羊养殖实用技术，为养殖户养羊生产排忧解难。

前 言

近年来，我国生态环境不断恶化，影响了国民经济发展和人民生活质量的提高，所以保护自然环境，退耕还林还草，恢复生态植被，防止水土流失和土地荒漠化已成为国家的重大战略决策。土质恶化草地衰退、效益低下是我国生态环境保护、草地畜牧业发展面临的瓶颈，它们相互影响、恶性循环。因此，实行封山禁牧政策、加强生态环境保护和建设刻不容缓。

近半个世纪以来，随着人们物质生活水平的提高，许多发展中国家也和发达国家一样，食物结构发生了变化，谷物类食品消费量下降，而肉、蛋、奶等畜产品的消费量却大幅上升，从而刺激了畜牧业的迅速发展。畜牧业生产格局已不适应现代社会、经济发展的需要。因此，充分发掘饲草料资源，发展集约化草食畜牧业显得尤为重要。发展肉羊产业不但是紧跟当前退耕还林还草和农业结构调整形势，而且是提高集约化养羊业的机遇。

从20世纪50年代以后，世界养羊业由原来的“毛主肉从”变为“肉主毛从”，如新西兰肉毛兼用羊品种占绵羊总数的98%，美国、法国等国家均超过50%。生产的羊肉品种主要为羔羊肉，如澳大利亚羔羊肉产量占羊肉总产量的70%，新西兰占80%，法国占75%，美国占94%，英国占94%。利用羔羊生长快、饲料报酬高的特点，生产瘦肉多、脂肪少、鲜嫩多汁、易消化、膻味轻的优质肥羔。我国主要依靠天然草地、农副产品以及秸秆养羊，使得肉羊胴体重（12千克）低于世界平均水平（15千克）。

根据山西省委、省政府提出的落实科学发展观，发展“一县一业”，加快转型发展和跨越式发展的战略决策，为提升基层技术人员养羊业服务水平和农民科学养羊水平，加速养羊业现代化进程，结合山西省养羊业的发展特点，以肉羊优势生产区为重点，以科技示范户和基层服务站为核心，坚持科技人员直接到户、良种良法直接到场、技术要领直接到人的理念，在山西省农业技术推广示范行动项目（SNJTGSFXD201217）和山西省现代农业产业技术体系资助下，结合山西省养羊业的生产实际和养殖户的需求，有针对性地编写了包括适应山西省养殖的肉羊主导品种、肉羊经济杂交、肉羊繁殖配种、饲养管理、肉羊育肥、饲草饲料生产和配制、肉羊养殖设施、疫病综合防治等肉羊养殖实用技术，为养殖户养羊生产排忧解难。

本书既具有一定理论性，更注重实践性，内容丰富，语言简练，是肉羊养殖专业户及畜牧工作者的重要参考文献。

作　者

2013 年 5 月

目　录

第一章 肉羊品种及杂交改良技术

一、主要肉羊品种及杂交利用

1. 德国肉用美利奴羊

【产地】我国在20世纪50年代从德国引进的肉、毛兼用型品种。

【生产性能】体重：成年公羊体重100～140千克，成年母羊70～80千克；剪毛量：成年公羊7～10千克，成年母羊4～5千克；毛长：8～10厘米。羔羊日增重300～350克，4月龄羔羊胴体重达18～22千克，屠宰率为46%～50%；产羔率：150%～200%。

【品种特点】公母羊均无角，被毛白色，密而长。生长发育快，性成熟早，周岁前可配种；繁殖力强；泌乳好，母性强；适应性强，耐粗饲。

【用途】用于品种培养，提高个体大小和产毛量；近年来也引入此品种用于提高产肉性能，效果明显。在山西省作为肉用羊的父本品种与本地绵羊进行杂交改良，增加本地绵羊体格和提高其产肉性能。

2. 无角道赛特羊

【产地】澳大利亚和新西兰。

【生产性能】体重：成年公羊体重90～110千克，成年母羊65～75千克；剪毛量：2～3千克；毛长：7.5～10厘米；产羔率：120%～150%以上，4月龄羔羊胴体重，公羔为22千克，母羔为

19.7 千克。

【品种特点】公母羊均无角，被毛白色，具有适应性强、早熟、生长发育快，全年发情，耐热、耐干燥，肉用性能好的特点。

【用途】可作父本用于改良本地绵羊，提高羊的产肉性能和产羔率，在我国各地推广效果较好。新疆维吾尔自治区（后简称“新疆”）、内蒙古自治区（后简称“内蒙古”）和北京等区市，从 20 世纪 80 年代引进了无角道赛特公羊。道蒙杂一代 5 月龄屠宰胴体重 16～18 千克；道寒杂一代交公羊 6 月龄体重达 40 千克，母羔羊胴体重 24 千克左右，屠宰率为 54.49%。

3. 萨福克羊

【产地】英国。20 世纪 70 年代起，由新疆、内蒙古等地区先后从澳大利亚引进，并进行大规模的推广。

【生产性能】体重：成年公羊体重 90～100 千克，母羊 65～70 千克。剪毛量：成年公羊 5～6 千克，成年母羊 3～4 千克；毛长：7～8 厘米；4 月龄羔羊胴体重 24.2 千克，母羔为 19.7 千克；产羔率：130%。

【品种特点】公母羊均无角，成年羊的头、耳及四肢为黑色，其余为白色；肉用体型最好，性成熟早、生长发育快、瘦肉率高，母性好，耐粗饲，放牧性能好，适应性强，蹄质结实，不易患蹄病等特点，是当今主要的肉羊生产主要品种。

【用途】可作为生产大胴体和优质羔羊肉的理想品种（在国际市场上占有率很高）。在全年以放牧为主，冬季补饲的条件下，萨蒙杂一代 190 日龄羯羊屠宰活重 37.25 千克，胴体重 18.33 千克，屠宰率为 49.21%，杂交的后代产毛量也有明显增长。

4. 夏洛莱羊

【产地】法国。

【生产性能】体重：成年公羊体重 100～150 千克，成年母羊 75～95 千克；剪毛量：3～4 千克；4 月龄羔羊胴体重 20～23 千克；

产羔率：180%以上。

【品种特点】体格大，无角，头部无毛，脸部呈红色或灰色，其余为白色；早熟、耐粗饲、采食能力强，耐潮、耐干热气候。但对饲养管理条件要求高；抗寒能力较差。在我国，冬春季节有局部连片脱毛现象。

【用途】条件好的地方可作父本，用于肥羔生产（要防止难产）。内蒙古、河北、河南、山西、山东等省区在1986年就引入了该品种，对本地羊的改良效果明显。夏蒙杂一代羊6月龄羔羊体重可达40.2千克，胴体重达19.5千克，屠宰率为48.5%。山西的夏杂一代羊10月龄体重可达49.2千克，胴体重达27.16千克，屠宰率为55.2%。

5. 特克塞尔羊

【产地】荷兰。

【生产性能】体重：成年公羊体重115~130千克，成年母羊75~80千克；剪毛量：成年公羊5.0千克，成年母羊4.5千克；毛长：10~15厘米，羊毛细度48~50支；4月龄的羔羊体重40千克，6~7月龄达50~60千克，屠宰率为54%~60%；产羔率：150%~160%。

【品种特点】体格大，肌肉丰满，被毛白色；早熟；泌乳性能好，耐寒。可作为生产肥羔的父本，在北方地区推广应用。

【用途】用特克塞尔羊与山西省本地绵羊进行杂交改良，杂种后代在生长速度、产肉性能等方面都有明显的提高。

6. 杜泊羊

【产地】南非。

【生产性能】体重：杜泊羊成年公羊体重为100~110千克，成年母羊为75~90千克。羔羊生长发育快，100日龄的公羔体重可达34.72千克，母羔可达31.92千克。性成熟早，产羔率：140%~180%。

【品种特点】个体中等大小；被毛白色；羔羊生长快；性情温

顺，易管理；肌肉和胴体特性良好，但产毛量低，抗寒能力差。具有体质结实，对炎热、寒冷、干旱、潮湿的气候条件有良好适应性。抗病力强，具有早熟、多胎、母性好、羔羊生长发育快、产肉性能好的特性。但在潮湿条件下，易感染肝片吸虫病，羔羊易感染球虫病。

【用途】可作为工厂化繁育肥羔生产的父本。山东、内蒙古等省区杂交后代，4 月龄公羔体重为 37.5 千克，母羔体重为 34.0 千克。近年来，山西省部分地区利用杜泊羊本地绵羊进行杂交改良，在产肉性能和适应性方面反映效果较好。

7. 小尾寒羊

【产地】主产于山东鲁西地区。

【生产性能】体重：成年公羊体重 100 千克以上，成年母羊 55 千克；产羔率：250% 。

【品种特点】公母羊均有角；体躯长，四肢高，被毛白色；早熟多胎，四季发情；但肉用体型差，肉品质低，具有多胎、全年发情、体格高大、生长发育快的特点，适于舍饲，不宜放牧，是农区可以选用的优良品种之一。

【用途】可用作育种和肥羔生产的母本材料或胚胎移植的受体。一是产羔率高，产羔率为 260%；二是性早熟，在良好的饲养管理条件下，羔羊当年可以配种产羔；三是生长发育快，周岁羊的体尺指数可达成年羊的 87.85% ~93.98%；四是毛被为异质毛，体格大，羊皮大，制革性能好，在市场中有较强的竞争力。

小尾寒羊存在不足，主要表现在以下几个方面：一是不适宜爬坡放牧；二是对饲草的挑剔性比一般绵羊突出，在同样的饲草地采食的牧草种类比其他羊少；三是对营养的需求量大，在放牧的基础上要进行补饲，并且需补充一定量的精饲料，饲养成本高；四是对小尾寒羊的羔羊如不进行特殊的饲养管理，羔羊的成活率较低，体重增加较慢，多产不能多得。

从 20 世纪 80 年代开始，山西省就开始陆续引进小尾寒羊，各地饲养效果差别很大，成功和失败兼而有之。因此，提醒养殖户，引进小尾寒羊时，必须明确引种的目的，且对小尾寒羊特性有所了解，并需与本地的生态条件和饲养管理水平结合起来，采取相应的管理措施，才会取得理想的效果。

8. 蒙古羊

【产地】蒙古羊是我国数量最多、分布最广的绵羊品种。蒙古羊生活力强、善游牧、耐旱、耐寒、耐粗饲，并具有较好的产肉性能。

【生产性能】生长于内蒙古中部地区的蒙古羊成年公羊体重69.7千克，成年母羊体重为54.2千克。分布于各地成年公羊体重为47～52千克。成年母羊的体重为32～44千克。各地成年羯羊宰前体重为44.3～67.6千克，屠宰率为52.3%～54.3%；6月龄羯羔相应指数分别为30.0～35.2千克，46.31%～47.58%。1岁羯羊相应指数分别为33.4～51.6千克，50.1%～50.6%。蒙古羊6～8月龄性成熟，初配年龄为1.5～2岁，产羔率为105%左右。毛被为异质毛，剪毛量：成年公羊为1.5～2.2千克，成年母羊为1～1.8千克。

【品种特点】蒙古羊体质结实，骨骼健壮。头形略显狭长，鼻梁隆起，耳大下垂（也有小耳羊），公羊大多有角，母羊多数无角或有小角。颈长短适中，胸深，肋骨不够开张，背腰平直，体躯稍长，四肢强健。短脂尾，尾尖卷曲呈“S”形，尾长大于尾宽。体躯毛被多为白色，头、颈与四肢则多有黑色或褐色斑块，全身纯白的数量不多。

【用途】山西省目前饲养的晋中绵羊、广灵大尾羊都属于蒙古羊类型，具有耐粗饲和适应性强的特点，但生长发育速度慢、产羔率低、优质肉率不高，不适应目前规模化和舍饲养殖的需求，因此，应利用其数量多、适应性强的特点，作为母本用肉用羊品种进行杂交改良，提高生长速度、产羔率和产肉性能，并可改变尾形大小，增加优质肉率，达到增加养殖经济效益的目的。

鉴于目前山西省饲养的晋中绵羊、广灵大尾羊及乌珠穆沁羊都属于蒙古羊类型，在此不进行专门介绍，其特性和用途参考蒙古羊。

二、肉羊杂交改良技术

杂交是指不同品种间的羊进行交配。我国原有的绵羊、山羊品种由于缺乏定向选育，生产性能和专门化程度较低，为此，广泛采用杂交方法以改进其品质。杂交可以用来培育新品种，也可以对原有品种进行改良或利用杂种优势。杂交所产生的后代称为杂种。通过杂交，可以丰富后代的遗传基础，增强其可塑性，有利于肉羊生产和育种。

按照杂交目的，可把杂交分为育种性杂交和经济性杂交两大类型。前者旨在对种用群体进行改良，后者则立足于对商用群体的改良。

（一）育种性杂交技术

主要包括级进杂交、引入杂交和育成杂交 3 种类型。

1. 级进杂交

又叫改造杂交或吸收杂交（图 1－1）。这是以性能优越的品种改

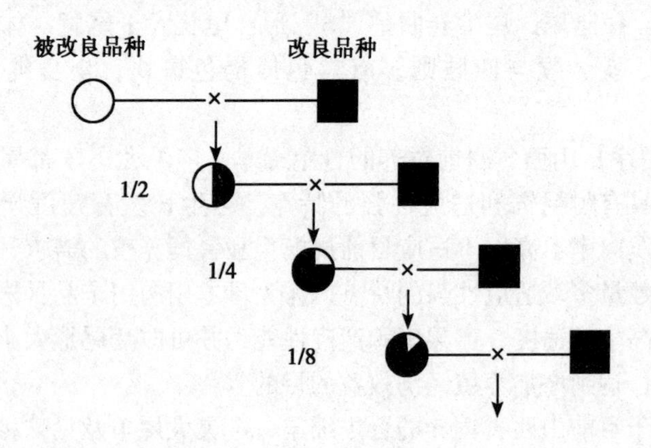

图 1－1　级进杂交示意图

造或提高性能较差的品种时常用的杂交方法。当某一品种的肉用性能不能满足需要，如不能满足肥羔生产的需要时，可采用级进杂交。“改造”是指对低产品种加以彻底改良。“吸收”是指低产品种吸收了优良品种的优点使本身得以改良。

具体做法是，以优良品种（改良品种）的公羊与低产品种（被改良品种）的母羊交配，所产杂种一代母羊再与该优良品种公羊交配，产下的杂种二代母羊继续与该优良品种公羊交配；这样一代一代下去，直到获得需要的优良性状为止，或达到彻底改造低产品种的目的。当某代杂种表现最为理想时，便终止杂交，以后即可利用杂种公母羊进行交配，叫做横交或自群繁育，以固定优良杂种的遗传品质，直至群体得以改良或由此育成一个新品种。

2. 引入杂交

又称导入杂交或改良性杂交（图 1－2）。当某个品种的品质基本符合生产要求，但还存在某些不足时，即可采用这种方法。导入杂交

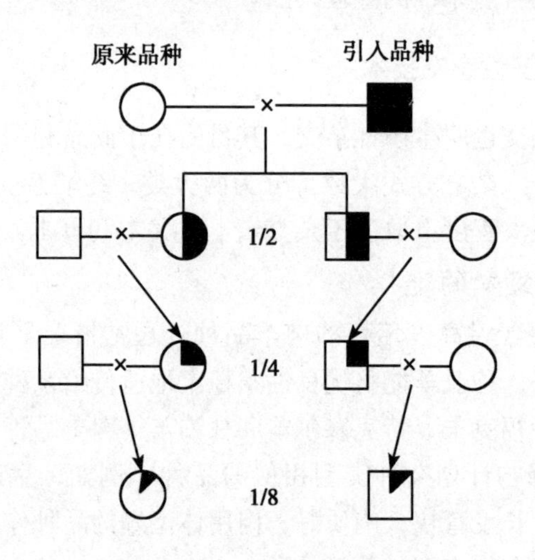

图 1－2　引入杂交示意图

的特点是在保持原有品种羊主要特征特性的基础上通过杂交克服其不

足之处，进一步提高原有品种的质量而不是彻底改造。

具体做法是，选择适宜的优良公羊（引入品种）与被改良的母羊（原来品种）杂交一次，从杂种后代中选择优秀个体与原来品种回交，产生含外血1/4的回交一代。根据回交一代的具体情况确定是否再与原来品种回交，如果回交一代不理想，可以再回交一次，产生含1/8外血的杂种即回交二代，以此类推。最后用符合要求的回交杂种（一般含外血1/8～1/4）进行自群繁育。

3. 育成杂交

通过杂交来培育新品种的方法称为育成杂交。它是通过两个或两个以上的品种进行杂交，使后代同时结合几个品种的优良特性，以扩大变异的范围，显示出多品种的遗传互补和杂种优势，并且还能创造出亲本所不具备的新的有益性状，提高后代的生活力，增加体尺、体重，改进外形缺点，提高生产性能，有时还可以改善引入品种不能适应当地特殊的自然条件的生理特点。

（二）经济性杂交技术

经济性杂交也叫生产性杂交，其目的在于商品利用，即通过杂种进行羊肉生产。杂交方式大致可分为两大类，终端杂交和轮回杂交。杂交效果在很大程度上取决于杂交亲本（父本和母本）品种的选择。

1. 杂交父本的选择

（1）选择经过高度培育的肉羊品种　通常情况下这些品种的生产性能比较好，种公羊能将优良性状稳定地遗传给杂种后代。如无角道赛特羊、萨福克羊、特克塞尔羊和杜泊羊等肉羊品种。

（2）选择与计划杂种类型相似的品种　例如，生产肥羔羊，就应选择早期生长发育快，肉质好，肉用体型好的品种作父本。如杜泊羊、萨福克羊和特克塞尔羊等品种。

（3）选择外来品种　我国肉羊品种资源虽然丰富，但符合肉羊肥羔生产要求的品种不多。国外品种所携带的遗传基因与国内品种差异较大。因此，有针对性地引进外来肉羊品种，与本地品种开展杂交生产肥羔，一般会取得良好的杂交效果。

（4）选择纯度高的品种　父本的数量虽少，但影响面远比母本大。俗话说，母羊好，好一“窝”；公羊好，好一“坡”。因此，对杂交父本的纯度要求标准更高。尤其广泛采用人工授精技术后，更应注重和严格要求纯度。

2. 杂交母本的选择

（1）选择数量大的品种　应选择本地区饲养量较大、适应性强，在国家和地方区划上已定位朝肉羊方向发展的品种为母本。我国的绵羊、山羊以地方品种居多，经多年的自然和人工选择，都能较好地适应当地的饲料资源和生态条件。选择本地羊作母本将为杂交羔羊能更好地适应当地环境和资源条件奠定基础。山西省可供杂交用的母本除山西省的主要地方绵羊、山羊，如广灵大尾羊、晋中绵羊、黎城大青山羊、吕梁黑山羊、太行山羊、灵丘青背羊等外，还可选择邻近省区的地方品种，如小尾寒羊、洼地绵羊、济宁青山羊等。

（2）选择繁殖力高的品种　我国的肉用绵羊品种的繁殖性能为110%～280%，高的类群和个体达到300%以上，差别较大。母羊的产羔数是直接影响肉羊生产经济效益的主要因素，对一只母羊来说，多产一只羔羊的经济效益至少要提高30%以上。因此，选择繁殖率高的母羊做杂交母本，是决定杂交肥羔生产成败的关键。如可选择小尾寒羊及其杂种作母本。

（3）选择泌乳力强和母性好的品种　母羊泌乳力直接影响羔羊的生长发育、增重速度和断奶体重，进而还会影响羔羊育肥期的增重和出栏体重。因此，选择泌乳性能好的品种作杂交母本是非常重要的一环。小尾寒羊、广灵大尾羊、洼地绵羊和湖羊都具备上述特点，适合做肉羊肥羔生产的杂交母本。

（4）选择中等以上体型的地方品种　只要不影响主要经济性状，有利于繁殖和杂种羔羊的生长发育，母羊的体型不需要太大。有利于降低饲料消耗，杂交时利用大型父本即可得到体型较大的杂种后代。

3. 终端杂交模式

终端杂交通常包括二元、三元和四元双杂交。

（1）二元杂交　也称为简单杂交或单杂交，是用两个品种杂交一次，一代杂种称为单交种或二元杂种，无论公母，全部作为商品羊利用（图1－3）。通常情况下，本地品种量大、饲养地域广、适应性强，便于推广，因此，应当以本地品种作母本。父本应选择具有高生产性能的引入品种。

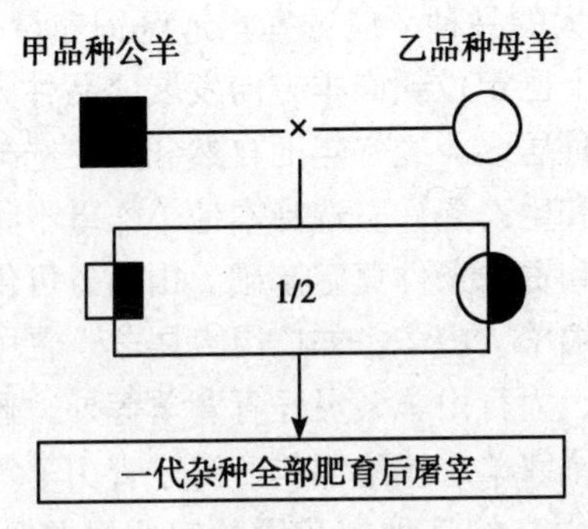

图1－3　简单（二元）杂交示意图

表1－1　二元杂种肉羊肥育和屠宰效果

父本	母本	性别	日龄（日）	日增重（克）	屠宰率（%）	净肉率（%）
萨福克羊	小尾寒羊	公羔	120	376	51.9	83.0
	蒙古羊	羯羔	190	180	49.2	73.6
	阿勒泰羊	公羔	150	240	47.3	81.8
	哈萨克羊	公羔	135	257	51.7	82.0
	湖羊	公羔	180	190	48.9	74.6

（续表）

父本	母本	性别	日龄（日）	日增重（克）	屠宰率（%）	净肉率（%）
无角道赛特羊	小尾寒羊	公羔	120	312	52.1	83.5
	小尾寒羊	公羔	155	282	50.8	78.1
	小尾寒羊	公羔	180	256	54.0	79.6
	湖羊	公羔	210	159	49.7	77.5
	洼地绵羊	公羔	240	168	47.0	83.4
杜泊羊	小尾寒羊	公母	150	306	50.6	80.0
	蒙古羊	公羔	120	300	51.7	82.3
特克赛尔羊	小尾寒羊	公母	150	277	50.0	77.0
	湖羊	公羔	180	190	49.4	78.8
	东北细毛羊	公羔	165	236	49.3	79.5

一般来说，杂种肉羊生长性状的优势率在5%～6%，饲料利用率的优势率约3%，杂种优势比较明显。表1－1为我国以国外品种为父本，以我国地方品种或培育品种为母本，开展二元杂交，部分二元杂种的肥育效果。

（2）三元杂交　先用两个品种杂交，选择杂种一代母羊作母本，再用第三个品种作父本与之杂交，所有三元杂种全部商品利用（图1－4）。开展三元杂交时，选择的第一父本要在繁育性能方面与母本有良好的配合力。选择的第二父本在生产性能上要符合和达到预期杂交效果与要求。

一般情况下，三元杂种的优势均超过二元杂种。同时利用杂种一代母羊在繁殖性能方面较高的杂种优势，可以产生大量优质商品羊。三元杂交是实现肉羊高产高效生产的的重要途径。

以小尾寒羊为第一父本，用晋中绵羊作母本，用引进的道赛特羊、萨福克羊和夏洛莱羊为终端父本开展三元杂交，道寒本、萨寒本、夏寒本的初生重、断奶重、10月龄体重、胴体重、屠宰率均显

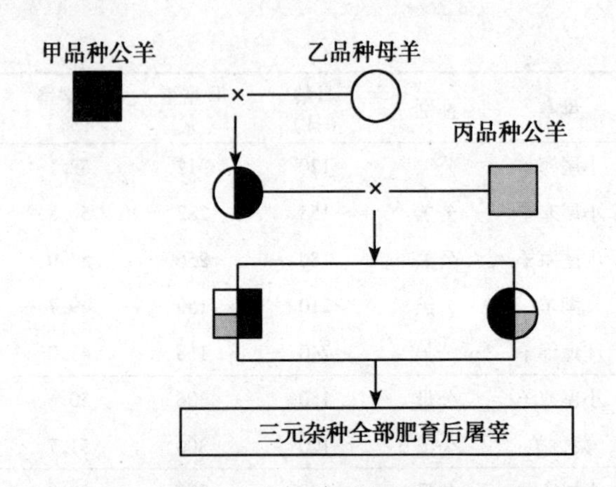

图 1-4　三元杂交示意图

著高于晋中绵羊。特别是三元杂交充分利用了母本杂种优势，使繁殖率大幅度提高（表 1-2）。

表 1-2　三元杂种肉羊生长、肥育和屠宰效果

组合	初生重（千克）	断奶重（千克）	10 月龄重（千克）	繁殖率（%）	胴体重（千克）	屠宰率（%）
道寒本	4.4	20.9	49.9	154	26.1	52.3
萨寒本	4.3	23.6	51.6	148	26.0	51.3
夏寒本	4.0	22.8	50.2	153	25.6	53.2
晋中绵羊	3.0	14.2	34.3	100	15.6	45.2

（3）双杂交　双杂交是四元杂交的一种特定形式，即先选用 4 个品种分别进行两个二元杂交，然后再进行 2 个二元杂种间的杂交，产生的杂种称为双交种。所有双交种不再作为种用，而是全部经利用（图 1-5）。

双交种比单交种或三元杂种具有更强的杂种优势，表现在生活力强，生产性能高、经济效益显著。表 1-3 为利用德国肉用美利奴羊（G）、无角道赛特羊（D）、萨福克羊（S）和蒙古羊（M）进行双杂

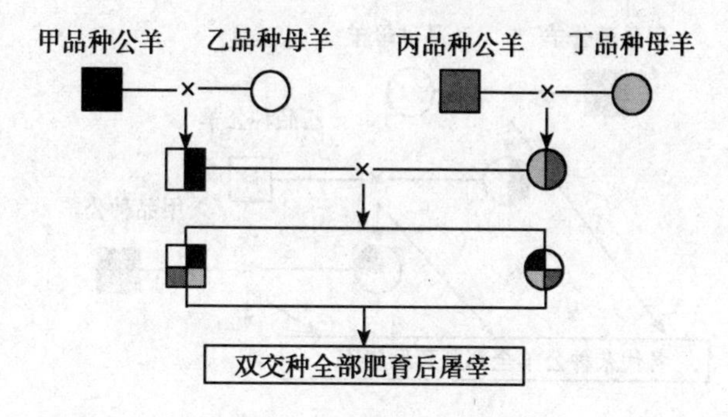

图1－5　双杂交示意图

交各杂交组合及其纯种6月龄的主要生长和屠宰性能。

表1－3　双交种肉用绵羊6月龄主要生长性能和屠宰性能

组合	体重（千克）	日增重（克）	屠宰率（%）	组合	体重（千克）	日增重（克）	屠宰率（%）
DGSM	49.5	256	52.2	GDSG	58.0	294	52.2
DSMG	58.0	300	53.0	MGDS	55.0	274	50.5
DMGS	55.8	284	52.3	DGMS	59.0	297	53.1
GSDM	59.0	304	52.9	平均	55.4	281	—
GSMD	56.0	286	53.1	蒙古羊	37.2	184	50.4
DMDS	54.4	275	51.8	道赛特羊	43.1	216	50.0
GMSD	51.2	253	50.1	德美羊	44.6	225	49.8
SGDM	52.8	268	51.8	萨福克羊	44.2	221	49.8
SMDG	56.4	284	50.4				

4. 轮回杂交模式

轮回杂交是为了充分利用杂种母羊在繁殖性能方面的杂种优势而发展起来的经济性杂交。轮回杂交通常包括二元和三元轮回杂交。

（1）二元轮回杂交　用两个品种轮流杂交，杂种母羊继续参加繁殖，各代杂种公羊全部经济利用（图1－6）。

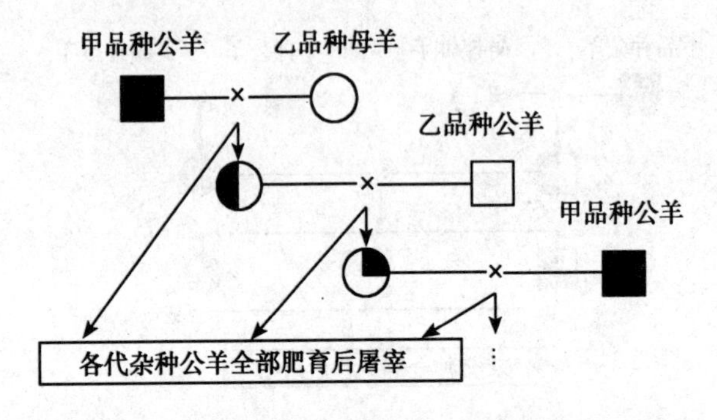

图 1-6　二元轮回杂交示意图

（2）三元轮回杂交　用三个品种轮流杂交，杂种母羊继续参加繁殖，各代杂种公羊全部经济利用（图 1-7）。

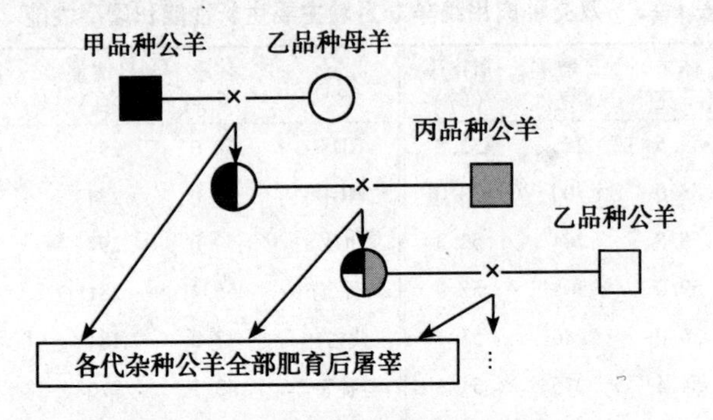

图 1-7　三元轮回杂交示意图

（3）轮回杂交的优点

①除第一次杂交外，母羊始终都是杂种，有利于利用繁殖性能的杂种优势。

②对于单胎家畜的绵羊、山羊，繁殖用母羊需要较多，杂种母羊也需用于繁殖，采用这种杂交方式最合适。因为简单杂交不利用杂种母畜繁殖，三元杂交也需要经常用纯种杂交以产生新的杂种母羊。

③这种杂交方式只要每代引入少量纯种公羊，或利用配种站的种

公羊，不需要本场自己维持几个纯种群体，在组织工作上方便得多。

④由于每代交配双方都有相当大的差异，因此，始终能产生一定的杂种优势。只要杂交用的纯种较纯，品种选择合适，这种杂交方式产生的杂种优势不一定比其他方式差。

第二章

肉羊繁殖配种技术

一、羊的正常繁殖生理知识

1. 性成熟

多为 5 ~7 月龄，早者 4 ~5 月龄。

2. 体成熟

母羊 1. 5 岁左右，公羊 2 岁左右。早熟品种提前。

3. 发情周期

绵羊多为 16 ~17 天（范围为 14 ~22 天）。

4. 发情持续期

绵羊 30 ~36 小时（范围为 27 ~50 小时）。

5. 排卵时间

发情开始后 12 ~30 小时。

6. 卵子排出后保持受精能力时间

多为 15 ~24 小时。

7. 精子到达母羊输卵管时间

多为 5 ~6 小时。

8. 精子在母羊生殖道存活时间

多为 24 ~48 小时，最长 72 小时。

9. 最适宜配种时间

排卵前5小时左右（即发情开始半天内）。

10. 妊娠（怀孕）期

平均妊娠（怀孕）期为150天（范围145~154天）。

11. 哺乳期

一般哺乳期为3.5~4个月，可依生产需要和羔羊生长发育快慢而定。

12. 发情季节

因气候、营养条件和品种而异，分全年性发情和季节性发情。一般营养条件较好的温暖地区多为全年发情；营养条件较差且不均衡的偏冷地区多为季节性发情。

13. 产羔季节

以产冬羔（12月至翌年元月）最好，其次，为春羔（2~5月，2~3月为早春羔，4~5月为晚春羔）和秋羔（8~10月）。

14. 产后第一次发情时间

绵羊多在产后第25~46天，最早者在第12天左右。

15. 繁殖利用年限

多为6~8年，以2.5~5岁繁殖利用性能最好。个别优良种公羊可利用到10岁左右。

二、羊发情鉴定技术

（一）母羊的发情特点

羊属于季节性多次发情的动物，是短日照发情动物，在秋分后出现多个发情周期。绵羊的发情周期平均为17天，山羊平均为21天，但母羊的发情持续期短，一般为 18～36 小时，外部表现不明显，发情母羊的主要表现是：喜欢接近公羊，并强烈摆动尾部，频频排尿；发情初期对公羊若即若离，不接受公羊爬跨；发情旺期公羊爬跨时静立不动，发情后期又拒绝公羊的爬跨；发情母羊的阴道黏液较少或不见有黏液分泌，外阴部也没有明显的肿胀和充血现象。大多数地方绵羊品种尾巴遮盖了外阴部，致使工作人员不容易观察到外阴部，所以，只靠外部观察不容易鉴定母羊是否发情及其发情所处的阶段。

母羊的发情表现与品种、饲养方式、膘情、断奶与否等都有关系。肉用品种发情不明显、持续时间短，放牧饲养的母羊发情的季节性比舍饲的强，中上等膘情的母羊比表情差和满膘的母羊发情好，断奶可以促进母羊发情。

（二）母羊发情鉴定方法

羊的发情鉴定主要采用试情的方法，结合外部观察即可清楚地鉴定出母羊发情与否及其发情的程度。

首先，要根据发情季节和上次发情的情况，预估母羊群的发情状况，做到心中有数。

其次，在母羊发情季节到来，特别是每个发情周期开始和结束的几天，要做好发情鉴定工作。

试情时，将结扎试情兜布的公羊，按一定比例（通常为 1∶40）放入母羊群内，每天早晨和傍晚，将试情羊赶入母羊群中，在羊圈前运动场上，让其追撵母羊或用鼻嗅、蹄刨、爬跨等。如果母羊站立不动，接受爬跨或排尿，表示已经发情，则应拉出，涂以标记，并配种，隔半天再配 1 次。处女羊对公羊有畏惧现象，即应细心观察。如果其站立不动让公羊接近，或公羊久追不放，这样也应当作发情羊拉出。

如人力充足，可一次放入，以缩短试情时间。试情圈的面积以每羊 1.2～1.5 平方米为宜。为了试情彻底和正确，力求做到不错、不漏、不耽误时间，试情时要求“一准二勤”：“一准”是眼睛看的准；“二勤”是腿勤和手勤。

三、羊的诱发发情技术

诱发发情又称诱导发情，是指应用某些激素、药物及管理措施，人为控制雌性动物发情并排卵的一项繁殖调控技术。

诱发发情技术可以打破母羊的季节性繁殖规律，控制母羊的发情时间，缩短繁殖周期、增加胎次和产羔数，提高母羊的繁殖力，促进人工授精技术的推广应用；还可以调整母羊的产羔季节，使肉羊按计划出栏，按市场需求供应肥羔，提高经济效益。

（一）配种季节的诱导发情

一是诱导母羊提早进入配种季节。在配种季节即将到来时，加强饲养管理，提高羊群的饲养水平，适当补一些精料，促进发情期的提早到来，并注射低剂量的促性腺激素，提高发情率和产羔率。在使用“补饲催情”方法的同时，将公羊放入母羊群中，利用公羊诱导母羊发情效果更好。

二是治疗卵巢机能疾病，诱导乏情母羊发情。最经济的方法是：用孕激素阴道海绵栓处理10～14天。撤栓时，每只母羊肌肉注射氯前列烯醇0.1～0.2毫克，即可达到诱导发情的效果。

（二）非配种季节诱发发情

在不发情季节诱导绵羊发情，最有效的方法是：孕激素+促性腺激素处理。在通常情况下，愈接近配种季节，处理的效果愈好。用孕激素海绵栓或CIDR处理10～14天，撤栓或CIDR当天注射孕马血清促性腺激素（PMSG）350～700单位，就可取得良好效果。

此外，可用改变光照周期的办法对母羊进行诱发发情。羊属于短日照动物，在长日照的夏季是母羊不发情的季节，在此期间可通过缩短光照时间，诱发母羊发情。一般每日光照8小时，连续处理7～10

周，母羊即可发情。若为舍饲羊，每天提供12～14小时的人工光照，持续60天，然后将光照时间突然减少，50～70天后就会有大量的母羊开始发情。

四、羊同期发情处理技术

（一）孕激素法

将浸有孕激素的阴道海绵栓或CIDR放在母羊子宫颈外口，一般在10～14天后取出，同时肌肉注射孕马血清促性腺激素（PMSG）400～500单位，经30小时左右即开始发情。

（二）前列腺素（PG）处理法

进口前列腺素（PG）类物质有高效的氯前列烯醇和氟前列烯醇等。一般是肌肉注射，剂量为0.5毫克。应用国产的氯前列烯醇，每只母羊颈部肌肉注射1～2毫升，1～5天内同期发情率可达到90%以上，效果良好。前列腺素处理法对少数母羊无作用，应对这些无反应的母羊进行第二次处理。

此外，在发情季节内也可利用“公羊效应”诱发母羊，使其发情。一般母羊若有20天以上没与公羊接触，此时可将公羊直接放入母羊群或靠近母羊圈，可使大多数母羊在3～7天后发情。

五、羊的人工授精技术

（一）人工授精前的准备

1. 人工授精应准备的设备、器械、药品及其他用品

羊人工授精站所需器械、药品及其他用品（见表2－1）。

表 2-1　羊人工授精站所需器械、药品及其他用品

名称	规格	单位	数量
普通生物显微镜	300~600 倍	台	1~2
蒸馏器	小型	套	1
天平	0.1~100 克	台	1
假阴道外壳		个	4~5
假阴道内胎		条	8~12
假阴道塞子（带气嘴）		个	8~10
玻璃输精器	1 毫升	支	8~12
输精量调节器		个	4~6
集精杯		个	8~12
金属开膣器	大、小	个	各 2~3
温度计	0~100℃	支	4~6
寒暑表		个	3
载玻片		盒	2
盖玻片		盒	2
酒精灯		个	2
量杯	50 毫升、100 毫升	个	各 2
量筒	500 毫升、1 000 毫升	个	各 2
蒸馏水瓶	5 000 毫升、10 000 毫升	个	各 2
玻璃漏斗	8 厘米、12 厘米	个	各 2
漏斗架		个	2
广口瓶	125 毫升、500 毫升	个	4~6
细口瓶	500 毫升、1 000 毫升	个	各 2
玻璃三角烧瓶	500 毫升	个	2
洗瓶	500 毫升	个	2
烧杯	500 毫升	个	2
玻璃皿	10~12 厘米	套	2

（续表）

名称	规格	单位	数量
带盖搪瓷杯	250 毫升、500 毫升	个	各 2
	20 厘米×30 厘米	个	2
搪瓷盘	40 厘米×50 厘米	个	2
不锈钢锅	27～29 厘米、带蒸笼	个	1
长柄镊		把	2
剪刀	直头	把	2
吸管	1 毫升	支	2
广口保温瓶	手提式	个	2
玻璃棒	0.2 厘米、0.5 厘米	根	200
酒精	95%，500 毫升	瓶	6
氯化钠	化学纯，500 克	瓶	2
碳酸氢钠或碳酸钠		千克	2
白凡士林		千克	1
药勺	角质	个	5
试管刷	大、中、小	个	各 2
滤纸		盒	2
擦镜纸		本	4
煤酚皂	500 毫升	瓶	3
手刷		个	3
纱布		千克	1
药棉		千克	2
试情布	30 厘米×40 厘米	条	30～50
搪瓷脸盆		个	4
手电筒	带电池	个	3
煤油灯或汽灯		个	2
水桶		个	2

（续表）

名称	规格	单位	数量
扁担		条	1
桌、椅		套	2
塑料桌布		米	5
器械箱		个	2
耳号钳	带钢字母	把	1
羊耳号	铝制或塑料制	个	根据母羊数定
工作服		套	每人1套
肥皂		块	4
毛巾		块	4
碘酒		毫升	300
配种记录本		本	每群1本
公羊精液检查记录本		本	3
采精架		个	1
输精架		个	2
临时标羊用染料			若干
火炉	带烟筒	套	1
煤		吨	2～3

2. 种公羊的准备

（1）种公羊配种前的饲养管理要点　在配种前1～1.5月必须加强饲养管理，并做精液品质的检查；选派责任心强、有放牧经验的牧工负责种公羊的管理；人工授精的种公羊应分群饲养；种公羊圈舍应宽敞、清洁、干燥，并有充足的光线，必要时应添设灯光照明；种公羊应进行编号，并按期称重，观察种公羊的食欲、性欲等情况；种公羊在配种前，应进行兽医检查并修蹄；必须给予种公羊多样化的饲草料，配种期的日粮应按种公羊饲养标准供应。

(2) 种公羊的饲养管理日程　见表2-2和表2-3。

表2-2　种公羊配种前饲养管理日程

时间	8：00~9：30	10：00~13：00	15：00~20：00	20：00~21：00	21：00~8：00
饲养管理项目	运动、放牧、饮水、早饲	采精	运动、放牧、饮水	晚饲	休息

表2-3　种公羊配种阶段饲养管理日程

时间	7：00~8：30	9：00~11：00	13：00~15：00	14：00~17：00	17：00~19：00	19：00~20：00	20：00~21：00	21：00~7：00
饲养管理项目	运动、放牧、饮水、喂料	采精	运动	补饲休息	采精	放牧、饮水	喂料	休息

3. 种公羊的选择与调教

选择人工授精用的种公羊要公羊本身、亲代和后代三方面都具备特征。

种公羊初次配种前，需进行调教。在开始调教时，选发情盛期的母羊，并允许进行本交。经过几次配种后，公羊养成在固定地点交配射精的习惯，以后就可用不发情的母羊或假台羊采精。

有的种公羊对母羊兴趣不大，既不爬跨，亦不接近。对这类公羊，可采用以下方法进行调教。

第一，把公羊和若干只健康母羊合群同圈，几天以后，种公羊就开始接近并爬跨母羊。

第二，当别的种公羊配种或采精时，让其在旁“观摩”。

第三，每日按摩公羊睾丸，早晚各一次，每次10~15分钟，有助于提高其性欲。

第四，注射丙酸睾丸素，隔日1次，每次1~2毫升，可注射3次，有提高性欲的作用。

第五，把发情母羊阴道分泌物或尿泥涂在种公羊鼻尖上，诱发其性欲。

调教种公羊之前，加强饲养管理，调教时，要耐心细致，反复训练，切勿强迫、恐吓，甚至抽打等，否则，会造成调教困难或性抑制。配种公羊和试情公羊在繁殖期应组成一群，一起放牧和补饲，放牧要赶早晚凉爽时，避开高温和日光直接曝晒。

4. 试情公羊的选择和处理

母羊发情症状不明显，加之发情持续期短，因而不易被发现。在进行人工授精时，需把试情公羊放入母羊群中来寻找和发现发情母羊。

试情公羊应选体格健壮、性欲旺盛、无疾病（包括寄生虫病）、年龄2~5岁的公羊。一般毛粗或杂色的公羊不适于作种用，可充做试情公羊。本地或杂种公羊的性欲较旺盛，用做试情效果较好。选好的试情羊带好试情布，用40厘米×40厘米白布一块，四角系带，捆拴在试情羊腹下，使其只能爬跨不能交配。

5. 母羊的整群与抓膘

母羊的整群和抓膘工作对配种的成绩影响很大。为争取满膘配种，在羔羊断奶以后，就应对羊群加以整群。把不适宜繁殖的老龄母羊、连年不育的母羊、有缺陷不能继续繁殖的母羊淘汰。

母羊抓好膘，不仅能促进母羊集中发情，缩短配种期，使人工授精的组织工作顺利进行，而且能提高母羊双羔率，使产羔集中，便于管理，从而提高羔羊的存活率。要使母羊从羔羊断奶到下次配种期间能有1.5~2个月复壮抓膘的时间，对瘦弱母羊根据情况要给予优饲。

6. 器材的准备、洗涤与消毒

（1）清洗准备　对采精、稀释保存精液、输精、精液运输等直接与精液接触的器械，必须洗涤与消毒，以防影响精液品质及受胎率。一般是先用2%~3%的碳酸钠清洗。

（2）准备标签　人工授精所用的器械、药品必须放在清洁的橱柜中，各种药品及配制的溶液必须有标签。

（3）洗涤用品　器械的洗涤可用洗衣粉或洗净剂。洗刷时可用毛刷、试管刷、纱布等。洗刷后用温水反复冲洗，除去残留物，然后用洁净蒸馏水冲洗两遍，用消毒干净纱布擦干或自然干燥。在洗刷假阴道内胎时，注意存留在内胎上的污垢。

（4）消毒准备　器械洗涤后，要根据器械种类采用下列方法之一消毒：①75%酒精消毒；②煮沸 15～20 分钟消毒；③火焰消毒。

（5）冲洗要求　凡与精液接触的器械在用酒精消毒后，须用生理盐水冲洗。

（6）几种重要器械在使用前的消毒与冲洗

①假阴道内胎：先用 70% 酒精擦拭，待酒精挥发一会，用蒸馏水冲洗 2 次，再用生理盐水冲洗 2 次。集精瓶及其他玻璃器皿的消毒及冲洗与假阴道内胎相同。

②输精器：在吸入 70% 酒精消毒后，吸入蒸馏水冲洗 2 次，然后，再用生理盐水冲洗 2 次。

③金属开膣器：可先用 70% 酒精棉球消毒或用 0.1% 高锰酸钾溶液消毒。消毒后放在温（冷）开水中冲洗一次，再放在生理盐水中冲洗一次。也可用火焰消毒法消毒。

④擦拭用纸：应每天消毒一次。方法是：将卫生纸放于小锅内，蒸煮 15～20 分钟。

⑤毛巾、擦布、桌布、过滤纸及工作服等：各种备用物品均应经高压灭菌器或在高压消毒锅内进行消毒。

⑥凡士林：用蒸煮消毒，每日 1 次，每次 30 分钟。

7. 常用溶液及酒精棉球的制备

（1）生理盐水　生理盐水即 0.9% 氯化钠溶液，准确称量 9 克化学纯氯化钠，溶解于 1 000 毫升煮沸消毒过的蒸馏水中即可。

（2）70% 酒精　在 74 毫升 95% 酒精中加入 26 毫升蒸馏水即可配成 70% 酒精。

（3）酒精棉球与生理盐水棉球　将棉球做成直径 2～4 厘米大小，放入广口玻璃瓶中，加入适量的 70% 酒精或生理盐水即可（切勿过湿）。

（4）酒精棉球瓶　所有的酒精棉球瓶需带盖，随用随开。

（二）羊的人工授精操作程序

1. 采精前的准备

（1）场地准备　采精环境清洁卫生，采精场地要固定。室外采精场地要求宽敞、平坦、安静、清洁、避风；室内采精场地应宽敞明亮、地面平坦、防滑，要与人工授精操作室相连，并附设喷洒消毒和紫外线照射杀菌设备。

（2）台羊的准备　调教后的种公羊可用发情母羊作台羊，也可用不发情的母羊、羯羊或假母羊作台羊。用发情良好的健壮母羊作台羊效果最好。

（3）假阴道的准备

①洗刷、安装、消毒与冲洗假阴道内胎：先把假阴道内胎（光面向里）放在外壳里边，把长出的部分（两头相等）反转套在外壳上。固定好的内胎松紧适中、匀称、平正、不起皱褶和扭转。装好以后，在洗衣粉水中，用刷子刷去粘在内胎外壳上的污物，再用清水冲去洗衣粉，最后用蒸馏水冲洗内胎 1～2 次，自然干燥。在采精前 1.5 小时，用 75% 酒精棉球消毒内胎（先里后外）待用。

②安装集精杯：在灌温水后，将消毒冲洗后的双层玻璃瓶插入假阴道的一端。当环境温度低于 18℃时，在双层玻璃下可灌入 50℃的温水，使瓶内保持 30℃左右。若环境温度超过 18℃，勿灌水。

③灌温水：在假阴道的冲洗与消毒冲洗后，用漏斗从灌水孔注入 55℃左右温开水 150～180 毫升，使假阴道内的温度保持在 40～42℃。灌水量以外壳与内胎之间容积的 1/3～1/2 为宜。

④吹入空气：灌水后，塞上带有气嘴的塞子，吹入或用气球的装置充气压入适量的空气，关闭气嘴活塞。用输液瓶的盖子，插上针头吹气很实用。

⑤涂凡士林：用玻璃棒蘸取少量凡士林，从阴茎进口处涂抹一薄

层于假阴道内胎上，深度为假阴道的1/3～1/2。

⑥调节内胎温度和压力：吹入适量的空气后，用酒精与生理盐水棉球擦过的温度计检查，使采精时假阴道内胎温度保持在40～42℃为宜，如内胎温度合适，再吹入空气，调节内胎压力，就可用于采精。

（4）公羊清洗与诱情　每隔0.5个月或1个月要用无菌生理盐水加抗生素冲洗公羊的阴茎和包皮1次，采精前再用清水或洗衣粉将种公羊包皮附近的污物洗净，擦干，以减少采精时对精液的污染。

因此，在采精前，必须以一定方法刺激公羊的性欲。通过让公羊在活台羊附近停留片刻；进行几次爬跨；观看其他公羊爬跨射精等方法，增强其性兴奋，提高精液的质量和精子的数量。

（三）采精及采精频率

1. 采精操作

采精时，采精者蹲在台羊右后方，右手横握假阴道，使假阴道前低后高，与母羊骨盆的水平线呈35°～40°紧靠台羊臀部。当公羊爬跨、伸出阴茎时，迅速用左手托住阴茎包皮，将阴茎导入假阴道内。当公羊猛力前冲，并弓腰后，则完成射精，全过程只有几秒钟。随着公羊从台羊身上滑下时，顺势将假阴道向下向后移动取下，并立即倒转竖立，使集精瓶一端向下，然后打开气卡活塞放气，取下集精瓶，并盖上盖子送操作室检查。采精时，必须高度集中，动作敏捷、做到稳、准、快。

采精时，勿使假阴道或手碰着阴茎，特别是龟头，也不能把假阴道硬往阴茎上套；集精瓶及盛有精液的器皿必须避免直接太阳照射，注意保持温度，一般为18℃，集精瓶取下后，将假阴道夹层内的水放出，如继续使用，按照上述方法将内胎洗刷，消毒冲洗。若不继续使用，将内胎上存留的残留精液用洗衣粉溶液反复冲洗，干燥后备用。

2. 采精频率

根据配种季节、公羊生理状态等实际情况确定采精频率。在配种前的准备阶段，一般要陆续采精 20 次左右，以排除陈旧的精液，提高精液质量。在配种期间，成年种公羊每天可采精 1～2 次，采 3～5 天，休息 1 天。必要时每天采 3～4 次。2 次采精后，让公羊休息 2 小时后，再进行第三次采精。一般不连续高频率采精，以免影响公羊采食、性欲及精液品质。

（四）品质检查

1. 外观检查

采精后先观察其颜色、辨别其气味。正常颜色为乳白色，无脓无腐败气味，肉眼能看到云雾状。凡带有腐败臭味、颜色为红色、黄色、绿色的精液不能用于输精。射精量平均为 1 毫升（0.8～1.8 毫升），每毫升有精子 10 亿～40 亿个，平均 25 亿个。

2. 显微镜检查

（1）密度检查　检查时，用清洁玻璃棒输精器取精液 1 小滴，放在玻璃片中央，盖上盖玻片，勿使发生气泡。然后放在显微镜下检查精子密度。在低倍（10×10）显微镜下，根据精子的稠密程度及其分布情况，将精子密度粗略分为“密”“中”“稀”三级。如在视野内看见布满密集精子，精子之间几乎无空隙，这种精液评为“密”；如在精子之间可以看见空隙（大约相当 1 个精子的长度），评为“中”；如在精子之间看见很大的空隙（超过 1 个精子的长度），这种精液评为“稀”；如精液内没有精子，则用“无”字来表示。

（2）活力检查　常采用目测法。取 1 滴待检查精液稀释后，置于载玻片上，上覆盖玻片，借助光学显微镜放大 200～400 倍，对精液样品中前进运动精子所占百分率进行估测。通常采用 0～1.0 的 10 级评分标准。100% 直线前进运动者为 1.0 分，90% 直线前进运动者为 0.9 分，以此类推。

3. 精液品质检查时的注意事项

第一，检查时，室温需保持在 18～25℃。

第二，一次制作两个玻片，原精液作密度评定，稀释精液作活力评定。

第三，所用载玻片与盖玻片须先洗涤清晰并使干燥。为防止显微镜头压着或压破盖玻片，可先将镜头下降到几乎接近盖玻片的程度，然后再慢慢升高镜头至适度为止。

第四，精液检查时应避免阳光直射、振荡和污染，操作速度要快。

第五，及时登记种公羊号、采精时间、射精量、精液品质、稀释比例和输精母羊数。

第六，公羊精液品质的检查，分别于采精后，稀释后坚持2次，精液密度达中等以上，新鲜精液活力0.7或0.7以上，才可用于输精，冷冻精的活力达到0.3以上才可用于输精。

第七，检查保存的精液精子活力时，须将精液温度逐渐升高，并放在38～40℃温度下进行检查。

（五）稀释

1. 稀释液配方及配制方法

（1）牛、羊奶稀释液　把鲜奶以多层纱布过滤，煮沸消毒10～15分钟，冷至室温，除去奶皮即可。稀释2～4倍。

（2）葡萄糖卵黄稀释液　将葡萄糖、柠檬酸钠溶于蒸馏水，过滤3～4次。蒸煮30分钟，降至室温。再将卵黄用注射器抽出，加入后振荡溶解即可应用。稀释2～3倍，可作保存和运输之用。其配方如下。

无水葡萄糖：3.0克；　　新鲜卵黄：20毫升；

柠檬酸钠：1.4克；　　消毒蒸馏水：100毫升（用容量瓶）。

（3）0.89%氯化钠（生理盐水）稀释液　一般稀释1～2倍，即时使用。其配方为：

氯化钠（化学纯）：0.89克；

蒸馏水：100毫升

2. 配制稀释液时的注意事项

第一，配制稀释液和分装保存精液的一切物品，用具都必须严密消毒。使用前先用少量稀释液冲洗 1 ~ 2 次。

第二，蒸馏水要纯净新鲜，最好不要超过 15 天。卵黄要取自新鲜鸡蛋，先将蛋洗净，再用 75% 酒精消毒蛋壳，待酒精挥发后才可破壳，并缓慢倒出蛋清，用注射器刺破卵黄膜吸取卵黄，也可有玻璃片挑破卵黄膜，将卵黄轻轻倒出。不应混入卵白或卵黄膜。取一定量于容器中，搅拌后倒入经消毒并已冷却的稀释液中，摇匀。

第三，配制稀释液的药品要准确称量，配成的溶液要准确，溶解后经过过滤，煮沸消毒 10 ~ 15 分钟。

第四，抗菌素为青霉素（钾盐），必须在稀释液冷却后加入。

第五，稀释液必须新鲜，现用现配。若在冰箱保存，可存放 2 ~ 3 天，但卵黄、抗菌素等成分需在临用时添加。

第六，采精后，应尽快将新鲜精液进行稀释，并于稀释后检查精液品质。稀释后，精子活力要求在 0. 8 以上。

第七，稀释倍数应根据精子密度等实际情况而定，一般稀释 1 ~ 4 倍。通常是在显微镜检查评为“密”的精液才能稀释，稀释后的精液每次输精量（0. 1 毫升）应保证有效精子数在 7 500万个以上。

第八，稀释时，精液与稀释的温度必须调整一致，然后将一定量的稀释液沿壁徐徐加入集精杯中，轻轻摇匀。

第九，精液经稀释后，应尽快输精，注意环境温度。若输精时间长，应考虑稀释精液的保温，防止低温打击及冷休克。

第十，稀释液基质统一称量，分装于消毒过的小青霉素空瓶内，分别标有“柠—葡液配 100 毫升”或“柠—葡液配 50 毫升”。各配种站按以上配制方法操作，不需称量药品。

（六）精液液态保存、运输及注意事项

1. 液态精液保存和运输

给精液作适度稀释后，分装于精液瓶中，瓶口用塞子塞紧，也可用蜡密封，并在瓶口周围包上一层塑料薄膜。逐渐降低温度，当温度降到0～10℃时，再进行保存。用一个可放入广口保温瓶内大小合适的瓷杯（或塑料杯），杯底和四周都衬上一层厚厚的棉花，将精液瓶放入其中。在广口保温瓶的底部放上数层纱布，纱布上放一个小木架，然后放一定数量的冰或用尿素降温（100毫升水中加尿素60克可降到5℃），再将内装精液瓶的瓷杯放在小木架上。在搪瓷杯的上端，周围衬些纱布以固定，最后盖上广口保温瓶瓶盖，即可进行保存与运输。

保存与运送精液可用手提式广口保温瓶，所需精液瓶可用2毫升容量的玻璃管或小青霉素瓶等。精液保存时间的长短，取决于保存温度和其他一些可以影响精子存活的因素和活力的外界条件。一般20℃可保存6小时左右，10～12℃可保存12小时以上，4℃可保存24小时以上，而以0～4℃保存效果为好。

2. 液态精液的运输及注意事项

第一，供保存与运输精液的品质，活力应为0.8以上，密度达到“中”以上。

第二，精液瓶、瓶塞及所需其他精液接触器皿均须洗净并消毒。

第三，在精液保存与运输过程中，需使精液保持一定温度，运输精液要尽量缩短中途时间，防止剧烈震动，并避免由于温度、光线、化学药品等而造成的不良影响。

第四，尽可能把每个瓶子都装满，以减轻震荡对精子的影响。

第五，经过保存的精液，使用前必须逐渐升高温度，在38～40℃进行检查，合格的才能输精。

（七）输精

1. 输精操作

绵羊输精最好推行横杠式输精架，这是一根圆木，距地面高度约50厘米，输精母羊的后肋担在横杠上，前肢着地，后肢悬空，数只或十余只母羊同时担在横杠上，输精时比较方便（图2－1）或将母羊置于保定架上（图2－2）。

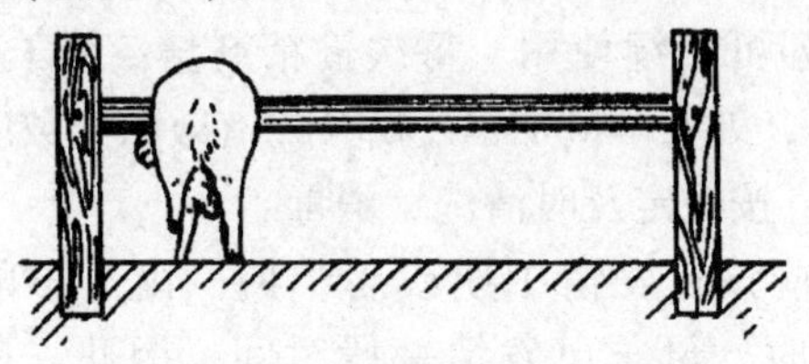

图2－1　母羊在横杠式输精架上

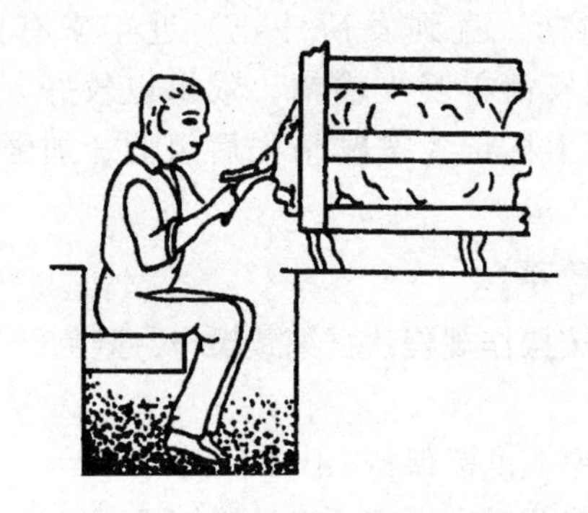

图2－2　母羊输精的凹坑和保定架

对于体型小的母羊，可采用倒立式输精方法。即选一助手，两腿固定（夹住）母羊头颈部，双手倒提母羊后腿，倾斜度一般为40°左右，输精员左手提尾，用药棉擦清外阴部污垢，然后将吸好精液的金属输送器，沿着母羊背侧缓缓插入阴道，边捻边推，交叉进行，动作要轻，推进时如遇一定阻力应回抽点，微偏一定角度，重新捻推动作。插入深度根据经产母羊体型大小而定，一般在14～18厘米，插入阴道底部以后，持续2～3分钟抽动，然后插到底部，回抽一点，缓缓挤进精液（主要防止输精器头部挤压在阴道皱壁上，精液无法输入），摄紧橡胶塞，轻轻取出输精器，再保持母羊倒提5～10分钟，输精完毕。

输精前将母羊外阴部用来苏儿溶液消毒，水洗，擦干，再将开膣器插入，寻找子宫颈口，用大拇指轻压活塞，将精液注入子宫颈口内0.5~1厘米处，注入后，即可取出输精器，然后用干燥的灭菌纸擦去污染部分，即可继续使用。每次输精剂量：绵羊0.2~0.5毫升；山羊0.25毫升，处女羊应加倍。所含的有效精子数应在7 500万个以上。工作完毕，按规定及时清洗、消毒。

绵羊输精应该在发情中期或后半期。由于羊的发情期短，当发现母羊发情时，母羊已发情一段时间，因此，应及时输精。早上发现的发情羊，当日早晨输精一次，傍晚再输一次，若第二天仍发情就继续输精，直到发情停止。近年来有的每日只输精一次，即早上发现发情羊晚上输精，效果也较好。输精后的母羊要登记，用染料涂上标记，按输精先后组群，加强饲养管理，为增膘保胎创造条件。

2. 输精注意事项

第一，严格按操作规程认真细致操作，避免母羊生殖器官疾病的发生和传染。

第二，输精室温度需保持18~25℃。

第三，输精时要对准子宫颈口，输精量要够，一次输入有效精子数不少于7 500万个。

第四，输精前，输精员要检查母羊阴道及阴道黏液情况，对于发情过期，发情不到和有生殖道疾病的母羊不予输精。

第五，输精器吸入精液后，应将输精管内空气排出。

第六，为更准确地注射精液，每次输精后应将金属调节器（有机玻璃）按规定输精量调好。

第七，成年母羊阴道松弛，开膣器张开后黏膜易挤入，防止损伤。处女羊阴道狭窄，开膣器无法伸开，只能进行阴道输精，但输精量至少增加1倍。

第三章 肉羊饲养管理技术

一、种公羊的饲养管理技术

种公羊饲养的好坏对后代影响很大，必须使种公羊常年保持结实健壮的体况、旺盛的性欲和良好的配种能力，不能过肥或过瘦。种公羊饲养管理中须做到以下方面。

第一，必须爱护种公羊，掌握其生活习惯，忌惊吓或殴打。

第二，经常观察种公羊的采食、饮水、运动及粪、尿情况，发现异常及时采取措施。

第三，种公羊的水、食槽及圈舍要定期消毒，消毒间隔不超过7天。

第四，每天上午和下午让种公羊进行舍外运动，运动时间不少于2小时。

第五，种公羊采精或运动后要经适当休息再饲喂。

第六，初次配种的公羊要进行诱导和调教。

第七，种公羊日粮要含有足够的粗料、青绿饲料、精饲料，并合理搭配，每日喂2次，饮水保持清洁卫生。

第八，饲喂标准与方法。

种公羊的饲养可分为非配种期和配种期。非配种期：每天补充精饲料（全价料）0.25~0.35千克；青饲料或胡萝卜每天0.5~0.7千克；优质干草（苜蓿）不限量，每次饲喂保持8~9成饱。

配种期：一般成年公羊每天采精2~3次，多时可达5~6次。每天补充精饲料（全价料）1~2 千克，青饲料或胡萝卜每天 0.75~2.0 千克，优质干草（苜蓿）不限量。随配种次数增加适当提高饲养标准。分早、午、晚三次补给草料，早午两次的喂量占日粮的 1/5，每天饮水 3~4 次，放牧或运动的时间要保证 6~10 小时。

种公羊饲养采用放牧和舍饲相结合的方式，在青草期以放牧为主，枯草期以舍饲为主，其饲料要求营养价值高，适口性好，容易消化。适宜种公羊的精料有大麦、燕麦、玉米、饼粕、糠麸类等；多汁饲料有胡萝卜、甜菜和玉米青贮等；粗饲料有苜蓿干草、青干草、秸秆青贮等。

提高种公羊利用率的措施如下。

1. 公母分群饲养

种公羊的管理应由专人负责，保持常年稳定。种公羊单独组群放牧和补饲，非配种期要与母羊保持一定距离。配种开始之前，再拴于羊圈外或饲养在相邻的圈内，传统的公母混养方式不利于保证公羊持久而旺盛的配种能力。

2. 控制配种强度

种公羊采精或配种的次数，一般应为每日 1~2 次，连续 2~3 日休息 1 天；配种时，最好是白天公母分开，早晚撒群，便于做好配种记录。有条件时要尽量安排集中配种和集中产羔，这样有利于公羊的健康，提高羔羊的成活率。

3. 保证合理的钙、磷比例

公羊日粮的钙磷比例一般不低于 2.25：1，因为谷物中含磷量高，如不注意补钙，易造成比例失调，导致尿结石症。

4. 适当的运动

在放牧条件下，种公羊能够保证适宜的运动量，在舍饲条件下，应注意让公羊适当运动，以保持种用体况。

二、成年母羊的饲养管理技术

一年中母羊的饲养分空怀期、妊娠期和哺乳期三个阶段，每个阶段的母羊应根据其配种、妊娠、哺乳等给予合理的饲养，饲喂要定时定量，即每日上午9：00和下午3：00各喂一次，饲喂时要与水混合均匀，严禁喂干料。喂量要按饲养标准规定的量喂给，饲草也要按规定的数量在饲喂时间添加，严禁浪费草料。

（一）空怀期母羊的饲养管理

母羊营养状况直接影响发情排卵及受孕，必须供给充足营养，保证健壮体况，提高母羊繁殖力。对个别体况较差的母羊给予短期优饲，补充少量精料，使羊群膘情一致。要加强此期母羊的管理，尤其是配种前21天的饲养管理对提高母羊的繁殖率十分关键。在配种前1个月左右，提高母羊的营养水平，保障发情集中，便于配种、产羔和生产管理。饲养以青粗饲料为主，延长饲喂时间，每天喂3次，并适当补饲精饲料，对体况较差的可多补一些精饲料。夏季青草充足时，可以不补饲或少补饲；冬季应当补饲，以保证体重有所增长。

（二）妊娠期母羊的饲养管理

母羊的妊娠期约5个月，通常分为妊娠前期和妊娠后期。妊娠前期即为妊娠前3个月，妊娠后期即妊娠最后2个月。母羊妊娠前期要防止早期流产，后期要保证胎儿正常生长发育。

1. 妊娠期母羊的管理中要做到以下6点

①避免妊娠母羊吃冰冻和发霉变质的饲料，保障饮水清洁卫生。

②及时收集散落的饲料，保持圈舍干燥、清洁。

③对妊娠母羊的羊舍、饲槽、饮水要定期消毒。

④防止妊娠母羊受惊吓，避免拥挤和追赶。

⑤禁止外来人员进入羊舍。

⑥每天观察妊娠母羊的采食、饮水、运动及粪、尿情况，发现异常及时采取措施。

妊娠后期的母羊还应坚持6小时以上的放牧运动，里程不少于8千米，临产前7~8天不要到远处放牧，以防分娩时来不及赶回羊舍，还要注意保胎，对妊娠母羊不能惊吓，打冷鞭，放牧驱赶时要慢，控制圈舍羊只密度，以防拥挤引发流产。放牧时，要避免走冰道，以防滑倒，在饮水处应经常加沙土石以防滑倒。

2. 妊娠期母羊的饲养

妊娠前期胎儿发育较缓慢，所需营养与空怀期基本相同。一般在舍饲条件下喂给足够的青干草和补饲少量的精料即可满足营养需要。妊娠后期胎儿生长迅速，妊娠后期日粮能量水平比空怀期高17%~22%，蛋白质水平增加40%~60%，钙磷增加1~2倍，维生素增加2倍，每天饲喂量根据实际情况酌情增减。

一般每只羊每天补饲量为：双羔母羊每日喂精料0.4千克，干草1.5千克；单羔母羊每日喂精料0.2千克，干草1千克。补饲干草选择苜蓿，因为苜蓿干草不仅含有丰蛋白质，而且钙质较高，能防止孕羊及产后母羊的瘫痪和羔羊的佝偻病。对于舍饲的母羊，妊娠母羊每天每只饲料供给量：混合精料0.3~0.5千克；青干草1.0~1.5千克；苜蓿草粉0.5~0.75千克；青贮饲料2.0~3.0千克；胡萝卜0.5千克。

对妊娠后期的初产母羊要加强饲养，比经产母羊提前补草补料。还要特别注意观察可能产双羔的母羊，其特征是食欲旺盛，膘情极差，走路迟缓，腹围大，被毛扒缝，眼部塌陷。对怀有双胎的母羊要特殊加以补饲。

（三）母羊产羔前后的护理

做好产羔母羊的接产工作，是提高羔羊的成活率和维护母羊健康体况的关键。

第一，认真观察接近预产期的母羊，密切注意临产母羊的表现与症状，做好临产前的准备工作；母羊分娩前表现不安，乳房变大、变硬，乳头增粗增大，阴门肿胀潮红，有时流出黏液，排尿次数增加，食欲减退，起卧不安，咩叫，不断努责。

第二，将产房进行彻底清扫、消毒，保证阳光充足、空气新鲜，室内温度3～10℃，冬季要保温。产羔间要干净，经过消毒处理。冬季地面上铺有干净的褥草。准备好台秤、产科器械、来苏儿水、碘酒、酒精、高锰酸钾、药棉、纱布、工作服及产羔登记表等。

第三，临产母羊在产前3～5天进入产房。

第四，接产前用高锰酸钾水对外阴、肛门、尾根部消毒。对临产母羊用消毒液清洗乳房和外阴部污物，剪掉乳房周围体毛，随时准备接产。

第五，羔羊出生后，立即抹净新生羊羔口腔、鼻、耳内黏液和羊水，并让母羊舔舐，对恋羔性差的母羊可将胎儿黏液涂在母羊嘴上或撒麦麸在胎儿身上，让其舐食，增加母仔感情。对假死的羔羊立即进行人工救助。其方法如下。

①如果羔羊尚未完全窒息，还有微弱呼吸时，应即刻提着后腿，倒吊起来，轻拍胸腹部，刺激呼吸反射，同时，促进排出口腔、鼻腔和气管内的黏液和羊水，并用净布擦干羊体，然后，将羔羊泡在温水中，使头部外露。稍停留之后，取出羔羊，用干布迅速摩擦身体，然后用毡片或棉布包住全身，使口张开，用软布包舌，每隔数秒钟，把舌头向外拉动1次，使其恢复呼吸动作。待羔羊复活以后，放在温暖处进行人工哺乳。

②若已不见呼吸，必须在除去鼻孔及口腔内的黏液及羊水之后，施行人工呼吸。同时，注射樟脑水0.5毫升。也可以将羔羊放入37℃左右的温水中，让头部外露，用少量温水反复洒向心脏区，然后取出，用干布摩擦全身。

第六，一般羊都能正常顺产，羔羊出生后采用人工断脐带或自行断脐带。距新生羔羊体表 8~10 厘米处人工剪断脐带，人工剪断脐带是在距脐 10 厘米处用手向腹部拧挤，直到拧断。涂上碘酒消毒，防止感染；脐带剪断后，用碘酒浸泡消毒。

第七，正常分娩时，羊膜破裂后，一般几分钟至半小时羔羊就出生，先看到前肢的两个蹄，随后嘴和鼻。产双羔时先产出一羔，可用手在母羊腹下推举，触到光滑的胎儿。产双羔间隔 5~30 分钟，多至几小时，要注意观察，对难产母羊人工助产的方法是：首先要找出难产原因，原因有胎儿过大，胎位不正或初产羔。胎儿过大时要将母羊阴门扩大，把胎儿的两肢拉出再送进去，反复三四次后，一手扶头，待母羊努责时增加一些外力，帮助胎儿产出。胎位不正：①如两腿在前，不见头部，头向后靠在背上或转入两腿下部；②头在前，未见前肢，前肢弯曲在胸的下部；③胎儿倒生，臀部在前，后肢弯曲在臀下。胎位不正处理：首先，剪去指甲，用 2% 的来苏儿水溶液洗手，涂上油脂，待母羊阵缩时将胎儿推回腹腔，手伸入阴道，中、食指伸入子宫探明胎位，帮助纠正，然后再产出。羔羊生下后半小时至 3 小时胎衣脱出，要将胎衣拿走。产后 7~10 天，母羊常有恶露排出。

第八，产后的母羊应饲喂易消化的草料，饮用温盐水 500~1 000 毫升，在水面上撒一些麸皮，有利于恶露的排出，使之尽快恢复。

第九，羔羊应在 30~60 分钟内吃到初乳，必要时人工辅助羔羊第一次吃奶。

第十，准确记录母羊编号、产羔数、胎次、产羔的时间、性别、出生重量等。

第十一，羔羊要打上临时记号，5~15 天后转到育羔室。

（四）哺乳期母羊的饲养管理

1. 哺乳期母羊的饲养要保证母羊的良好体况和泌乳量

哺乳期一般 3 个月左右，分为哺乳前期和哺乳后期。哺乳前期即哺乳期前 2 个月，羔羊生长主要依靠母乳，可适当减少精料及多汁饲料，以防引起乳房疾病，对瘦弱或乳汁分泌少的母羊，要逐渐增加饲料，分多次喂给，防止发生消化不良。特别是舍饲情况下，须保障充足的饲草料，适当补充精料，提高泌乳量。一般产单羔的母羊每天补精料0.3~0.5千克，青干草、苜蓿干草各1千克，多汁饲料1.5千克；产双羔母羊每天补精料0.4~0.6千克，苜蓿干草1千克，多汁饲料1.5千克。

2. 哺乳期饲料配方

玉米60%、豆饼10%、菜籽饼12%，麸皮15%、食盐1%、磷酸二氢钙1%，微量元素和维生素添加剂1%。

泌乳后期的母羊泌乳量逐步下降，羔羊的瘤胃功能趋于完善，不再完全依靠母乳喂养。泌乳后期以恢复母羊体况为目的，与泌乳前期相比饲养水平稍下调，为下次配种做好准备。

3. 哺乳母羊的管理

①圈舍必须经常打扫，以保持清洁干燥，对胎衣、毛团、石块、烂草等要及时扫除，以免羔羊舔食而引发疾病。

②要经常检查母羊乳房，如发现有奶孔闭塞、乳房发炎、化脓或乳汁过多等情况，要及时采取相应措施，予以处理。

③放牧的羊只，遇到天冷风大时，可把羔羊留在圈内补草、补料，单独放牧母羊，但时间不要过长，以便羔羊哺乳，随着羔羊生长，母羊放牧时间可逐渐延长到6~8小时，仅午间回舍让羔羊哺乳。在断乳前10天，母羊要停止饲喂精料和块根饲料，以免断乳后乳汁不易干涸。

三、羔羊的饲养管理技术

羔羊的成活率是提高羊群的生产性能，培育高产羊群的关键。羔羊培育需从以下几个方面着手。

（一）做好保温防寒工作

初生羔羊体温调节能力差，对外界温度变化敏感，因而，对冬羔及早春羔必须做好初生羔羊的保温防寒工作。首先，羔羊出生后，让母羊尽快舔干羔羊身上的黏液，母羊不愿舔时，可在羔羊身上撒些麸皮。其次，羊舍的保温。一般应在5℃以上。温度低时，应设置取暖设备，地面铺些御寒的保温材料，如柔软的干草、麦秸等。

（二）早吃初乳、吃足初乳

初乳是母羊产后3～5天内分泌的乳，是羔羊获得抗体，抵抗外界病菌侵袭的唯一抗体来源，及时吃到初乳，是提高羔羊抵抗力和成活率的关键措施之一。初生羔羊要保证在30分钟之内吃到初乳。对于一胎多羔的母羊，要采用人工辅助的方法，让每一只羔羊吃到初乳，使每一只羔羊成活。因此，要保证初生羔羊尽早吃到初乳、吃足初乳。

人工辅助羔羊吃初乳的方法：羔羊出生后，饲养员应用温水擦净母羊乳房，挤出几把初乳，检查乳汁是否正常。一般羔羊站立后会自己寻找乳头吃奶；若羔羊不吃初乳，应人为帮助。初乳期最好让羔羊跟随母羊自然哺乳。

（三）吃好常乳

母羊产后6日以后的乳是常乳，它是羔羊哺乳时期营养物质的主要来源，尤其是出生后第一个月，营养几乎全靠母乳供应，因此，只有让羔羊吃好奶才能保证羔羊良好的生长发育，羔羊每增重1千克需奶6～8千克。对于分散养殖户可以让羔羊随母哺乳；对于规模较大的羊场可用人工哺乳，人工哺乳时要注意给羔羊分群、定时喂乳（每隔4～6小时1次）、定量（40日龄前喂乳量按体重20%计算）、定温（38～40℃）和奶质稳定。

（四）适时训练开食补料

羔羊在出生后1周便可采食细嫩青草、枝条或叶片面积较大的干树叶，精料的补饲一般在出生后2周，将粉碎的精料或颗粒饲料撒在草内，吃草的时候带入嘴内，习惯后便可单独饲喂。

必须在羔羊出生后15～20天开始补充饲草料，应喂一些鲜嫩草或优质青干草；补饲的精料要营养全面、易消化吸收、适口性强，要经过粉碎处理；饲喂时要少给、勤添、不剩料；补多汁饲料时，要切碎，并与精料混拌后饲喂。

根据羔羊的生长情况逐渐增加补料量，每只羔羊在整个哺乳期需补精料10～15千克，羔羊补饲料要营养全面，蛋白质水平保持在16%～20%为佳。推荐配方：玉米48%、豆饼30%、菜籽饼10%，麸皮8%、苜蓿粉4%、食盐0.5%、磷酸二氢钙1%，微量元素和维生素添加剂0.5%。对于补饲的草料可以不限量，自由采食。

哺乳期羔羊补饲量如下。

羔羊日龄	每天补混合精料
15～30日龄	50～75克
1～2月龄	100克
2～3月龄	200克
3～4月龄	250克

（五）断尾

羔羊出生后10日龄断尾。方法：在羔羊的第一尾骨和第二尾骨连接处用皮筋勒断或用火烙断，断尾后要及时消毒，防止感染。

（六）适时断奶

羔羊断奶的时间一般在3个月左右，根据羔羊能否独立采食，确定离乳时间。条件好的羊场采取频密繁殖时，可1.5～2.0月龄断奶；饲养条件差的羊场不适合过早断奶，断奶时间不能超过4个月。断奶方法分为一次断奶和多日断奶两种，对于羊群较大，泌乳量较多，应采用多日断奶法；一次性断奶便于管理，但易引发母羊乳房炎。

四、育成羊的饲养管理

育成羊是指3~18个月龄的羊。第一个越冬期正是育成羊生长发育旺盛的时期，首先要保证有足够的青干草和青贮料来补饲，对种用小公羊和小母羊，每天还应补给混合精料，种用小母羊500克，种用小公羊600克。青贮料是影响增重的有效饲料，小公羊补与不补，体重相差在10千克左右。青年羊常用精料配方：玉米52%、豆饼20%、菜籽饼10%，麸皮15%、食盐1%、磷酸二氢钙1%，微量元素和维生素添加剂1%。

公母羊对培育条件的要求和反应不同，公羊一般生长发育较快，需要精料较多，对高水平饲养有良好的反应，而饲养不良则发育不如母羊。所以在整个育成期，公羊的饲料定额应比母羊多些，精料比例也应高些。

五、羊日常管理要点

（一）组群

1. 种羊群

2~5岁的壮年羊应占75%左右，1岁羊占15%~20%，6岁羊占5%~10%，6岁以上淘汰。

2. 生产羊群

自然交配条件下，需3%~4%种公羊，1%~2%育成公羊；人工授精时，种公羊（5～6岁淘汰）占0.5%；育成公羊及试情公羊占2%～3%。非留种用的公羔及母羔全部育肥，可供当年屠宰。

羊群规模：牧区为500～1 000只；山区为100～200只；平川农区为20～50只。

（二）编号

编号通常用耳标法，一般在出生后15天进行。用耳标钳在耳根软骨部打孔，打孔时要避开血管，接着将耳标固定在耳上，若出血，应涂擦碘酊消毒，防止感染。

耳号编法：第一位数字或字母代表父亲品种，第二位数字或字母代表母亲品种，第三位数字代表出生年份、第四至六位数字代表个体编号，最后一位“1”代表公羔，“2”代表母羔，如是双羔可在号后加“－”标出1或2（如DH832-2或DH832-1）。

（三）去势（阉割）

不做种用的公羊每年都应去势，以防杂交乱配，便于管理和育肥。去势一般在出生后2～4周。

1. 刀切法

刀切法是用刀将阴囊切开，并摘除睾丸。

2. 结扎法

当羔羊出生1周后，将睾丸挤于阴囊内，用橡皮筋将阴囊紧紧结扎，经半个月后，阴囊及睾丸因断绝血液供应而萎缩自动脱落。

3. 化学去势法

将10%的福尔马林（甲醛）溶液2毫升，注入睾丸的实质部分，使睾丸组织失去生长和生精能力。

（四）断尾

为了使臀部免受粪便污染，减少饲料消耗，便于配种，一般在羔羊出生后 1 ~3 周将尾巴在距离尾根 4 ~5 厘米处断掉。

1. 结扎法

用橡皮筋或专用橡皮圈套在羔羊尾巴第三、第四尾椎间，断绝血液流通，使下端尾巴萎缩、干枯，经 7 ~10 日而自动脱落。

2. 热断法

先用带有半月形缺口的木板压住尾巴，再将特制的断尾铲烧热至淡红色，缓缓将尾巴铲掉，断尾后将皮肤恢复原位包住创口，创面用 5% 碘酊消毒。

（五）羔羊去角

去角主要用于奶山羊。在生后 5 ~7 天进行。去角时将羔羊侧面卧倒，在角基较硬的突起部，剪去毛并在周围涂以凡士林，以防氢氧化钠侵蚀皮肤和眼睛，然后用粉笔状氢氧化钠一端包纸，以防腐蚀人手，另端蘸水在突起部位反复涂擦，直至稍出血为止，然后在上面撒些消炎粉。羔羊去角后要与母羊隔离一些时候，以防吃奶时，头部氢氧化钠粘在母羊乳房上造成损伤，同时，将去角羔羊后腿用绳拴住，以免疼痛时用后蹄抓破伤口，一般过 2 ~4 小时，伤口干燥，疼痛消失后，即可解开。

（六）药浴与驱虫

1. 药浴

一般在春秋剪毛后 7 ~10 天进行。常用药物：溴氰菊酯、双甲脒和螨净等。药液深 70 ~80 厘米（淹没羊全身为宜）；水温 30℃左右；

药浴前停止放牧半天，并充分饮水；药浴应选择晴朗天气，并在上午进行；羊只药浴时，要保证全身各部位均要洗到，药液要浸透被毛，适当控制羊只通过药浴池的速度，对羊头部，需用人工浇一些药液，也可用木棒压下头部入液内 1 ~2 次，使头部也能浸透药液。羊只较多时，中途应加一次药液和补充水，使其保持一定浓度。先浴健康羊，后浴病羊。妊娠2个月以上的母羊，应禁止药浴，以防流产。残液处理可喷洒在羊舍圈墙和围栏上，以杀死圈内寄生虫。

2. 驱虫

每年应在春、秋两季对羊只进行预防性药物驱虫。内寄生虫传播严重地区，要增加驱虫次数。在驱虫后1~3天内，要放在指定的羊舍和牧地，以防寄生虫及虫卵污染干净的牧地。要准备一些阿托品、解磷定、硫酸钠、葡萄糖、维生素C注射液、地塞米松等急救药。

第四章

肉羊育肥技术

羔羊育肥是目前羊养殖技术中经济效益最好的技术之一，因此，要改变不良饲养习惯，充分利用当地饲草料资源、降低成本，获得更高经济效益。

4 月龄羔羊长得快，育肥买羊要年龄小；
要想育肥羊挣钱多，育肥之前先把虫驱；
用联合双驱效果佳，免疫程序可不能少；
育肥羊不能当猪养，既加大成本又患病；
精粗料搭配要合理，加工调制才利用好；
满足营养适口性好，日粮恒定水要清洁；
勿乱添猪用添加剂，确保生产安全羊肉；
降低成本又肉质良，广辟饲草料资源好；
利羊利生产才利民，养羊科学效益更好。

一、羔羊异地育肥技术

（一）羊只的选购

①年龄为 2 ~ 5 月龄的公羔或 3 ~ 8 月龄的母羊，最好为杂交羔羊。

②膘情中等，体格稍大，绵羊 20 ~ 25 千克。

③健康无病，被毛光顺，上下颌吻合好。健康羊只的标准为活动自由，有警觉感，趋槽摇尾，眼角干燥。

（二）过渡期管理

①羊只购进当天不饲喂混合料，只供给清水和少量干草。

②安静休息8～12小时后，逐只称重分群，按羊只体格、体重和瘦弱等相近分组，每组15～20只。

③用丙硫咪唑驱虫和伊维菌素两次驱虫，在生产实践中效果良好。

④接种三联四防疫苗、口蹄疫疫苗、羊痘疫苗。

（三）育肥技术方案

1. 育肥方案一

（1）第一阶段（1～15天）

①1～3天：仅喂干草，自由采食和饮水。注意：干草以青干草为宜，不用铡短。

②3～7天：逐步用日粮Ⅰ替代干草，干草逐渐变成混合粗料。日粮Ⅰ配方：玉米35%、豆饼5%、干草58%、食盐1%、羊用添加剂1%。将干草、玉米秸、地瓜秧、花生秧等混合铡短（3～5厘米）可得混合粗料。

③7～15天：喂日粮Ⅰ，每日喂量2千克/只，每日喂2次。自由饮水。

（2）第二阶段（15～50天）

①13～16天：逐步由日粮Ⅰ变成日粮Ⅱ。日粮Ⅱ配方：混合精料为玉米65%、麸皮10%、豆饼（粕）13%、优质花生秧粉10%、食盐1%、添加剂1%。打碎、混匀。混合粗料为玉米秸、地瓜秧、花生秧等（铡短）。

②16～50天：喂日粮Ⅱ。先粗后精。自由饮水。混合精料每日喂量0.2千克/只，每日喂2次（拌湿）。混合粗料（铡短）每日喂量1.5千克/只，每日喂2次。注意：若喂青绿饲料时，应洗净，晾干（水分要少），每日喂量为每只羊3～4千克。

(3) 第三阶段 (50～60天)

①48～52天：逐步由日粮Ⅱ过渡到日粮Ⅲ。注意：过渡期内主要是混合精料的变换；精饲料或青绿饲料正常饲喂即可。日粮Ⅲ混合精料配方：玉米85%、豆饼（粕）5%，麸皮6%、骨粉2%、食盐1%、添加剂1%。

②52～60天：喂日粮Ⅲ混合精料，每日喂量0.25千克/只。粗料不变。注意：粗料采食量会因精料喂量增加而减少。夏季饮水应清洁，供给不间断；冬季饮水应使用温水为宜，3次/日。

2. 育肥方案二

1～20天：用配方Ⅰ：玉米53.5%，麸皮20%，豆粕24%，石粉1%，磷酸钙0.5%，羊用添加剂1%，食盐5～10克/只，干草可自由采食，精粗比例40∶60。

20～40天：用配方Ⅱ：玉米58%，麸皮18%，豆粕21.5%，石粉1%，磷酸钙0.5%，羊用添加剂1%，食盐5～10克/只。干草可自由采食，精粗比例45∶55。

40～60天：用配方Ⅲ：玉米65%，麸皮15%，豆粕17.5%，石粉1%，磷酸钙0.5%，羊用添加剂1%，食盐10克/只。干草可自由采食，精粗比例50∶50。

注意随着精饲料饲喂量增加，在日粮中添加0.5%～1.0%的碳酸氢钠（小苏打），日粮的配方可根据精饲料资源情况调整。也可将干草和精饲料混合一起加工为全混合日粮效果更好（详见第6章）。

二、哺乳羔羊育肥技术规程（自繁自养）

这种育肥方式主要利用羔羊早期生长速度快的特点进行育肥，羔羊不提前断奶，保留原有的母仔对，只是提高羔羊补饲水平，到时从大群中挑出达到屠宰体重的羔羊出栏上市。

1. 饲养方法

以舍饲育肥为主，母仔同时加强补饲。母羊哺乳期间每天喂足量的优质青干草，另加500克精料，目的是使母羊泌乳量增加。羔羊15日龄开始隔栏补饲。

2. 饲料配制

母羊料配方：碎玉米74.5%，黄豆饼8%，麻饼10%，麸皮5%，石粉1%，食盐0.5%，维生素和微量元素添加剂（羊用）1%。其中，维生素和微量元素的添加量按每千克饲料计算为：维生素A、维生素D、维生素E分别是5 000国际单位、1 000国际单位和200毫克，硫酸钴3毫克，碘酸钾1毫克，亚硒酸钠1毫克。

羔羊料配方：玉米52.1%，豆粕11%，棉籽粕5%，葵花饼17%，麸皮11%，石粉1%，磷酸钙0.6%，羊用添加剂1%，食盐1%，碳酸氢钠0.3%。每天喂2～3次，每次喂量以20分钟内吃净为宜；羔羊自由采食优质青干草（日粮配方可根据精饲料情况适当调整）。

3. 适时出栏

经过30天育肥，到4月龄时止，挑出羔羊群中达到25千克以上的羔羊出栏上市。

三、断奶羔羊的强度肥育技术（自繁自养）

羔羊经过45～60天哺乳，断奶后继续在圈内饲养，到120～150日龄活重达30～35千克时屠宰的育肥方式称为断奶羔羊的强度肥育技术。

（一）饲喂方法

羔羊生后与母羊同圈饲养，前21天全部依靠母乳，随后训练羔羊采食饲料，将配合饲料加少量水拌潮即可，以后随着日龄的增长，添加苜蓿草粉，45 天断奶后用配合饲料喂羔羊，每天中午让羔羊自由饮水，圈内设有微量元素盐砖，让其自由舔食，120～150 天屠宰上市。

（二）饲料配制

精料配合饲料中玉米 75%、豆饼 13%、麻饼 10%，石粉 0.5%、食盐 0.5%、添加剂 1%。配合饲料为粉料。

（三）关键技术

1. 早期断奶

羔羊到 8 周龄时，瘤胃已充分发育，能采食和消化大量植物性饲料，此时断奶是比较合理的，而且羔羊进入育肥圈时的体重大致相似，便于管理。

2. 营养调控技术

断奶羔羊瘤胃体积有限，粗饲料过多，营养浓度跟不上，精料过多缺乏饱感，精粗料比以 8：2 为宜。羔羊处于发育时期，要求的蛋白质和能量水平高，矿物质和维生素要全面。若日粮中微量元素不足，羔羊会出现吃土、舔墙的症状，可将微量元素盐砖放在饲槽内，任其自由舔食，以防微量元素缺乏。

3. 颗粒饲料的推广

颗粒饲料体积小，营养浓度大，非常适合饲喂羔羊，在开展早期断奶强度育肥时都采用颗粒饲料。颗粒饲料适口性好，羊喜欢采食，比粉料能提高饲料报酬 5%～10%。

断奶羔羊的日粮，单纯依靠精饲料，既不经济，又不符合生理机能规律，日粮必须有一定比例的干草，一般占饲料总量的 30%～60%，以苜蓿干草较好。

（四）适时出栏

出栏时间与品种、饲料、育肥方法等有直接关系。大型肉用品种3月龄出栏，体重可达35千克，小型肉用品种相对差一些。断奶体重与出栏体重有一定相关性，据试验，断奶体重13~15千克时，育肥50天体重可达30千克，断奶体重12千克以下时，育肥后体重25千克。饲养管理措施要设法提高断奶羔羊体重，以增大出栏活重。

四、成年羊育肥技术

（一）选羊与分群

要选择膘情中等，身体健康，牙齿好的羊只育肥，淘汰膘情很好或膘情极差的羊。挑选出来的羊应按体重大小和体质状况分群，一般把相近情况的羊放在同一群育肥，避免因强弱争食造成较大的个体差异。

（二）育肥前入圈准备

待育肥羊只要注射肠毒血症三联苗和驱虫。同时，在圈内设置足够的水槽和料槽，并进行环境（羊舍及运动场）清洁与消毒。

（三）选择最优配方配制日粮

选好日粮配方后，严格按比例称量配制日粮。为提高育肥效益，应充分利用天然牧草、秸秆、树叶、农副产品及各种下脚料，扩大饲料来源。合理利用尿素及各种添加剂。

精料配方：

玉米59.1%，菜粕17.7%，苦豆渣8.4%，麸皮9.0%，石粉1.8%，尿素1%，羊用添加剂（5%）1.2%，食盐1.8%。

全混合日粮（TMR）配比：

精料0.5千克，玉米秸秆0.35千克，发酵柠条0.35千克。

（四）安排合理的饲喂制度

成年羊只日粮的每日喂量依配方不同而有差异，一般为1.5～2.5千克。每天投料两次，每日喂量的分配与调整以饲槽内基本不剩为标准。午后应适当喂些青干草，以利于反刍。

在肉羊育肥的生产实践中，各地应根据当地的自然条件、饲草料资源、肉羊品种状况及人力和物力状况，选择适宜的育肥模式进行羊肉的生产，达到以较少的投入换取更多肉产品的目的。

第五章 饲料配制技术

粗饲料颗粒粗糙，利于羊反刍时刺激唾液分泌，促进消化道的蠕动，保证羊消化道的正常机能；粗饲料在瘤胃内降解速度比较慢，产生的酸（主要是乙酸）能够被瘤胃壁充分吸收，不会造成瘤胃乳酸过量，更不会造成酸中毒。因此，在肉羊的饲料中必须含有一定量的粗饲料。一定注意把握好日粮的精粗比例，既能让羊吃的饱，又能让羊长的快，不能急于求成，只喂给肉羊精饲料，虽然营养水平达到了营养标准的要求，但饲料的干物质量不足，体积过小，羊始终处于饥饿状态，会产生羊反刍受阻甚至停止反刍、唾液分泌减少、瘤胃酸中毒、真胃移位等病症。

一、肉羊常用的饲草料

1. 可供肉羊饲用的粗饲料

（1）干草　干草是青绿饲料在尚未结籽以前刈割，经过日晒或人工干燥而制成的，较好地保留了青绿饲料的养分和绿色，是羊的重要饲料。紫花苜蓿、羊草、天然牧草及人工栽培牧草等均可晒制成干草，可供育肥羊羊自由采食。

（2）秸秆　单独饲喂秸秆时，羊瘤胃中微生物生长繁殖受阻，影响饲料的发酵，不能给宿主提供必需的蛋白质和挥发性脂肪酸，难以满足羊对能量和蛋白质的需要。秸秆中微量元素含量低，利用率不高；维生素中，除维生素 D 外，其他维生素也很缺乏。采取适当的加工处理，能提高羊对秸秆的消化利用率，育肥羊日粮中比例不要超过50%。

秸秆有玉米秸、麦秸、谷草、豆秸、秕壳、豆荚、棉籽壳等。

(3) 枣粉　价格较便宜，可部分代替玉米。

2. 精饲料

(1) 谷实类饲料　主要包括玉米、大麦、燕麦、稻谷、小麦、谷子等。

玉米含能量高，蛋白质含量低（9%左右），且品质不佳，缺乏赖氨酸、蛋氨酸和色氨酸，钙、磷均少，且比例不合适，是一种养分不平衡的高能饲料。玉米可大量用于绵羊的精料补充料中，但应与蛋白质饲料和容积大的饲料，如麸皮、燕麦、粗饲料搭配使用。

(2) 糠麸类饲料　糠麸类饲料为谷实类饲料的加工副产品，主要包括麸皮和稻糠以及其他糠麸。

①小麦麸：有轻泻性，在绵羊日粮中比例不宜高，控制在15%以下。

②米糠：粗脂肪17%左右，易酸败。

③玉米皮：能量低于玉米，适口性比麸皮好，在绵羊生产中可代替日粮中的麸皮。

(3) 植物性蛋白质饲料　饼粕类及其他加工副产品是绵羊良好的蛋白质饲料。

①大豆饼粕：母羊料和育肥羊料中都可用，由于价格较高，添加量3%~10%；在哺乳羔羊料中可达20%。

②脱毒棉籽饼粕：育肥羊料中用15%左右。

③菜籽饼粕：含硒量高，育肥羊中用15%左右。

④胡麻饼粕：母羊和育肥羊都可用。

⑤葵花籽饼粕：价格较低，且母羊和育肥羊都可用。

⑥棕榈粕：价格较低，棕榈粕比例占15%~25%。

(4) 其他加工副产品

①玉米蛋白粉：是用玉米生产淀粉时的副产品，应与容积大的饲料配合使用。

②DDGS：是酒糟蛋白饲料，价格便宜的可代替蛋白的饲料。

③单细胞蛋白质饲料：蛋白质含量高，可部分代替豆粕。

二、羊用饲料添加剂

饲料添加剂是指在配合饲料中加入的各种微量成分。其作用是完善饲料的营养性，提高饲料的利用率，促进羊的生长和预防疾病，减少饲料在贮存期间的营养损失，改善产品品质。

1. 瘤胃发酵调控剂

对于快速育肥羊，精料量饲喂量多，粗饲料减少，会形成过多的酸性产物，易引起酸中毒。在高精料日粮中适当添加缓冲剂，可以增加瘤胃内碱性蓄积，改变瘤胃发酵，防止酸中毒。比较理想的缓冲剂首推碳酸氢钠（小苏打），其次，是氧化镁。实践证明，以上缓冲剂以合适的比例混合共用效果更好。

①碳酸氢钠：主要作用是调节瘤胃酸碱度，增进食欲，提高羊体对饲料消化率以满足生产需要。肉羊占精料混合料0.3%～1.0%，添加时可采用每周逐渐增加（0.3%、0.6%、1.0%）饲喂的方法，以免造成初期突然添加使采食量下降。碳酸氢钠与氧化镁合用比例以（2～3）：1较好。

②氧化镁：有利于粗纤维和糖类消化。用量一般占精料混合料的0.75%～1%或占整个日粮干物质的0.3%～0.5%。

添加碳酸氢钠，应相应减少食盐的喂量，以免钠食入过多，但应同时注意补氯。

2. 氨基酸添加剂

一般来说，肉羊通过瘤胃微生物合成的菌体蛋白，可提供肉羊必需氨基酸需要量的40%，其余60%来自饲料，因此，有必要通过给肉羊饲料中添加过瘤胃氨基酸，提高小肠中吸收氨基酸的数量和种类。

蛋氨酸和赖氨酸是反刍动物的第一和第二限制性氨基酸。当喂以羔羊玉米为基础的日粮时，赖氨酸是第一限制性氨基酸。添加蛋氨酸 2 克、赖氨酸 3 克，日增重提高 25%。

3. 益生素添加剂

益生素添加剂又称活菌制剂或微生物制剂。目前，用于生产益生素的菌种有乳酸杆菌属、粪链球菌属、芽孢杆菌属和酵母菌属等。羊则偏重于真菌、酵母类，并以曲霉菌效果较好。

4. 酶制剂

酶制剂（纤维素酶、半纤维素酶、β-葡聚糖酶等）主要用于羔羊（如早期断奶羔羊）、患病的羊及特殊生产时期。将酶制剂直接添加到羊的日粮中，此法使用简单，只要将单一酶或复合酶制剂（根据说明书）均匀拌入饲料即可使用。

三、日粮配合的原则和方法

1. 日粮配合的原则

肉羊的日粮配合应按照肉羊的不同生理阶段、不同育肥类型的营养需要为依据，根据羊的消化特点，合理选择多种饲草料原料进行搭配，采取多种营养调控措施，实现肉羊日粮的优化设计。

①初次配合日粮必须以其饲养标准为依据，否则，无法确定各种养分的需要量。

②配合日粮应选当地最为常用、营养丰富，而又相对便宜的饲料，充分利用农副产品饲料资源，开发新的饲料，千方百计地降低饲料成本，在不影响羊只健康的前提下，通过饲喂能够获得最佳经济效益。

③饲料搭配必须有利于适口性的改善和消化率提高。如青贮、糟

渣等酸性饲料与碱化或氨化秸秆等碱性饲料搭配。

④饲料种类多样化，精粗配比适宜。饲草一定要有两种或两种以上，精料种类3～5种以上，使营养全面且改善日粮的适口性和保持羊只的食欲。精粗比以1：（2～3）为宜。

⑤日粮配比要有一定的质量。日粮体积过大，难以吃进所需的营养物质；体积过小，即使营养得到满足，但由于瘤胃充盈度不够，难免有饥饿感。

⑥配制的日粮应保持相对稳定。变换饲粮要逐步进行，使肉羊瘤胃内微生物有一个适应过程，正常过渡期为7～10天。突然改变日粮构成，影响瘤胃发酵，降低饲料消化率，甚至引起消化不良或下痢等疾病。

2. 肉羊日粮配合的方法与步骤

①查饲养标准和饲料营养价值表，记下各种饲料的主要养分含量和羊的营养需要量，列出表格。

②根据生产经验，设定各类饲料的初步混合比例。因羊是反刍动物，确定饲料的组成，尽可能多选粗饲料，充分发挥秸秆养羊的作用。一般情况下，羊采食粗饲料的干物质按羊体重的3%左右计算，营养不足部分再由精饲料来满足。精饲料的用量一般不超过60%。食盐、矿物质和维生素等添加料应留出1%～3%的配合比例。

③根据设定的饲料配比，计算各养分的含量，用累计结果与营养标准进行比较，某项指标差异较大时，调整相应种类饲料的比例，使之尽可能相符。

④核算日粮的饲料配比，计算出最后的营养成分含量并整理出配方表。

四、TMR日粮的配制

TMR日粮是根据绵羊不同生理阶段营养需要的粗蛋白、能量、粗纤维、矿物质和维生素等，用特制的搅拌机（专用TMR搅拌机）将揉碎的粗饲料、精料和各种添加剂进行充分混合而得到的营养平衡的全价日粮。有研究表明，TMR日粮可显著降低甲烷排放量。目前，新疆西部牧业股份有限公司的绵羊养殖场已采用TMR饲喂技术，效果良好。也有一些小的养殖场，用粉碎混合搅拌机或卧式混合搅拌机将已揉丝粗饲料、混合精料和玉米青贮按一定比例全部混合后再喂羊，这种方法与TMR饲喂技术类似，营养全面而平衡，饲料浪费少，绵羊采食积极性高，饲喂效果良好，且投入少，值得在一些小型养殖场推广。

1. 全混合日粮的优势

（1）有利于开发各种饲料资源　将玉米秸秆、尿素、各种饼粕类等廉价的原料同青贮饲料、糟渣饲料及精料充分混合后，掩盖不良气味，提高适口性，而且可有效防止绵羊挑食。

（2）全混合日粮使用可保证日粮营养全价，提高粗饲料利用率　对于个体大、增重快的动物，增加喂量便可保证其营养需要。

2. 全混合日粮加工调制

（1）饲料原料与日粮检测　饲料原料的营养成分是科学配制TMR基础，要定期抽检；原料水分是决定TMR成败的重要因素，一般TMR含水量35%～45%，过干或过湿都会影响采食量，因此，需经常检测TMR水分含量。

（2）饲料配方选择　饲料配方可参照日粮配制的方法。将养殖场的绵羊根据年龄阶段、性别等合理分群，每个羊群可以有各自的TMR。

（3）科学搅拌　首先，投料量准确。合理控制搅拌时间，时间太长造成TMR过细，有效纤维不足；时间太短，原料混合不均匀；一般是边填料边混合，最后一批料填加完成后，再搅拌6分钟。

3. 全混合日粮制定举例

（1）给定条件　现有一批活重30千克羔羊进行育肥，预期日增重295克，全舍饲。使用野干草、苜蓿干草、玉米、小麦麸、豆饼、棉籽饼等6种精粗饲料，配制育肥全混合日粮。

（2）查饲养标准和饲料营养成分表　确定羊的营养需要量，列出供选饲料的养分含量（表5-1和表5-2）。

表5-1　30千克羔羊育肥营养需要

体重（千克）	平均日增重（克）	每只每天干物质（千克）	消化能（MJ）	粗蛋白质（克）	钙（克）	磷（克）
30	295	1.3	17.17	191	6.6	3.2

表5-2　拟用饲料的营养成分含量

饲料名称	干物质含量（%）	每千克干物质中			
		消化能（MJ）	可消化蛋白质（克）	钙（克）	磷（克）
野干草	89.4	11.04	116	1.57	1.01
苜蓿干草	90.0	8.74	193	11.89	3.56
玉米	88.4	17.40	97	0.45	2.38
小麦麸	88.6	12.08	163	2.03	8.80
豆饼	90.6	17.60	475	3.53	5.52
棉籽饼	92.2	14.88	367	3.36	6.94
石粉	92.1	—	—	368.95	0

（3）确定合理的精粗饲料比例　体重30千克的肥育羔羊日采食粗饲料的干物质量，可按羊体重的2.5%计算。

根据生产实际考虑，野干草和苜蓿干草配比为3∶1，则：

粗饲料提供的干物质量为30×2.5%=0.75（千克），其中，野干草供应的干物质为0.75×3÷4=0.56（千克）

苜蓿干草供应的干物质为0.75×1÷4=0.19（千克）。而精饲料供应的干物质量为1.3-0.75=0.55（千克）

若玉米、小麦麸、豆饼、棉籽饼的混合比例分别为69%、15%、10%、5%，干物质的供应量依次为0.38，0.08，0.06，0.03千克。

（4）计算精、粗饲料供给的养分含量，并进行调整平衡（表5－3和表5－4）。

表5－3　粗饲料主要营养成分含量

粗饲料	干物质（千克）	消化能（MJ）	粗蛋白质（克）	钙（克）	磷（克）
野干草	0.56	6.18	64.96	0.88	0.57
苜蓿干草	0.19	1.66	36.67	2.26	0.68
合计	0.75	7.84	101.63	3.14	1.25
需精料补充	0.55	9.33	89.37	3.46	1.95

表5－4　精饲料主要营养成分含量

精饲料	干物质（千克）	消化能（MJ）	粗蛋白质（克）	钙（克）	磷（克）
玉米	0.38	6.61	36.86	0.17	0.90
小麦麸	0.08	0.97	13.04	0.16	0.70
豆饼	0.06	1.06	28.50	0.21	0.33
棉籽饼	0.03	0.45	11.01	0.10	0.21
合计	0.55	9.09	89.41	0.65	2.14

（5）核算日粮的饲料配比，列出日粮配合与简单精粗混合日粮加工。

将各种原料（包括精饲料和粉碎好的粗饲料）按照日粮配方的比例称量好，然后将其粉碎和混合均匀加工成TMR日粮，有条件的养殖户还可以配备一台小型的颗粒饲料机，将混合好的TMR日粮制粒。

绵羊饲养标准如表5－5所示。

表5－5　绵羊的饲养标准

体重（千克）	日增重（克/天）	采食量（千克）	消化能（MJ）	代谢能（MJ）	粗蛋白（克）	钙（克）	磷（克）	维生素A（IU）	维生素E（IU）
早期断奶羔羊（生长潜力中等）									
10	200	0.5	7.53	5.85	127	4.0	1.9	470	10
20	250	1.0	14.64	12.13	167	5.4	2.5	940	20
30	300	1.3	18.40	15.06	191	6.7	3.2	1 410	20
40	350	1.5	21.33	17.56	202	7.7	3.9	1 880	22
50	400	1.5	21.33	17.56	181	7.0	3.8	2 350	22
早期断奶羔羊（生长潜力高）									
10	250	0.6	8.78	7.11	157	4.9	2.2	470	12
20	300	1.2	16.72	13.79	205	6.5	2.9	940	24
30	325	1.4	20.06	16.72	216	7.2	3.4	1 410	21
40	400	1.5	20.90	17.14	234	8.6	4.3	1 880	22
50	425	1.7	23.83	19.65	240	9.4	4.8	2 350	25
60	350	1.7	23.83	19.65	240	8.2	4.5	2 820	25

第六章 饲草生产和加工调制技术

一、饲草种植技术

（一）土壤耕作

整地是牧草栽培技术中最主要的措施之一，包括耕翻、耙地、镇压、中耕等地面处理技术。整地耕作的主要措施有深耕和表土浅耕两类。

1. 耕地

一般用有壁犁耕翻地，深度为20厘米以上，耕地的深度要均匀，地面平整，无滑耕现象。有条件时，尽量深耕，可以扩大土壤容水量，增加土壤的底墒。农谚说："深耕一寸土，多耐十天旱"就是这个道理。

2. 耙地

在刚耕过的土地上，用钉耙耙平地面，耙碎土块，耙出杂草根茎，前作收获后播种时，为了抢墒抢时播种，有时来不及耕翻，可以用圆盘耙进行耙地，耙后即种。播种出苗前，如土壤板结可用钉齿耙耙地，以破除板结，利于种苗出土。耙地的方式有顺耙、横耙和对角耙等。

3. 耱地

常在犁地耙地之后进行，用以平整地面，耱实土壤，耱碎土块，为播种提供良好的条件。在质地疏松、杂草少的土地上，有时在耕地后，以耱地代替耙地。耱地的工具为柳条、荆条或树枝等枝条所编成，也有用长条木板做成的。

4. 镇压

在耕翻后的土地上，如要立即播种牧草，必须先进行镇压，以免播种过深而不能出苗，或因种子发芽生根后发生“吊根”现象，致使种苗枯死。镇压的工具主要有石磙、V 形镇压器、机引平滑镇压器和铁制局部镇压器等。

（二）种子处理技术

播前需对种子进行去杂、精选、浸种、消毒等处理，豆科牧草还应进行根瘤菌的接种，禾本科牧草种子需去芒。

1. 选种

用清选机机械清选和人工筛选扬净不饱满的籽粒、杂质及皮壳去掉以获得饱满纯净的种子，必要时也可利用水、盐水及硫酸铵选种。

2. 晒种

晒种时将种子铺 5 ~ 7 厘米厚，在阳光下晒 4 ~ 6 天，每天翻动 3 ~ 4 次，打破禾本科牧草种子的休眠，提高发芽率。

3. 浸种

豆科牧草种子浸种 12 ~ 16 小时。禾本科牧草种子浸种 1 ~ 2 天，其间换水 1 ~ 2 次或 3 ~ 4 次，浸种后放在阴凉处晾种，待表皮风干即可播种。如果土壤干旱，则不宜浸种。

4. 去壳去芒

一些禾本科牧草种子需先进行去芒处理，现在常用去芒机处理，也可用镇压器进行压切，然后经筛子筛除。

5. 豆科牧草硬实种子的处理

豆科牧草播种前必须进行硬实种子处理工作，方法如下。

（1）擦破种皮　适用于小粒种子的处理。可以用石碾碾压或用除去谷子皮壳的碾米机进行处理，也可以将豆科牧草种子掺入一定数量的碎石、沙砾用搅拌器搅拌、振荡，或在砖地轻轻摩擦，使种皮粗糙发毛以达到擦破种皮的目的。处理时间的长短以种皮表面粗糙、起毛，不致压碎种子为原则。经擦破种皮处理的草木樨种子的发芽率由40% ~50%提高到80% ~90%。

（2）变温浸种　对于颗粒较大的种子，通常采用热水浸泡处理的方法。将硬实种子放入温水中浸泡，水温以不太烫手为宜，浸泡一昼夜后捞出，白天放到阳光下曝晒，夜间转至凉爽处，并经常加一些水，使种子保持湿润，经2~3日后，种皮开裂，当大部分种子略有膨胀时，即可趁墒播种。

（3）浓硫酸处理　把浓硫酸加入种子中拌匀，20~30分钟后种皮出现裂纹，将种子放入流水中冲洗干净，稍加晾干即可播种。

6. 种子消毒

种子消毒是为了预防经由种子传播病虫害的一项措施，常用盐水清选、温烫浸种、温冷浸种及化学药剂浸种拌种等。化学药剂常用福美双、萎锈灵、菲醌及抗菌素401等。如为了防治禾本科牧草的黑粉病、坚黑穗病，可用35%菲醌粉剂或50%福美双粉剂，按种子重量的0.3%拌种；为了防治苜蓿轮纹病，可用种子重量0.2% ~0.3%的菲醌或0.2% ~0.5%的福美双拌种。

（三）牧草播种

1. 播种时期

牧草的播种期因地区条件、牧草种类而分为春播、夏播和夏秋播或秋播。

（1）春播　适于春季气温条件较稳定，水分条件较好，风害小而田间杂草较少的地区。春性牧草及一年生牧草由于播种当年收获，必须实行春播。但春播时杂草危害较严重，要注意采取有效的防除措施。早春主要种植一些发芽要求温度较底、苗期较耐寒的草种，如苦荚莱、紫花苜蓿等。晚春夏初多播种一些不耐寒的夏秋作物，如玉米、高粱、大豆、秣食豆、苏丹草等。

(2) 夏播和夏秋播　在春季风大且干旱的情况下，这些地区春播往往失败的可能性较大，利用夏季降水较多，形成水、热同期的有利条件进行夏播或夏秋播，可以适当地调节劳动力和农机具。山西北部豆科牧草进行夏播的适当时间为7~8月份，最晚不迟于8月份底，禾本科牧草夏播的适宜时间是7月中下旬至8月中下旬。

2. 播种深度

一般讲，牧草以浅播为宜，宁浅勿深。牧草种子细小，一般播深2~3厘米为宜，豆科牧草宜浅，因其是双子叶植物，顶土困难，而禾本科牧草可稍深。大粒种子可深，小粒种子宜浅。土堆干燥可稍深，潮湿则宜浅。土壤疏松可稍深，黏重土壤则宜浅。主要牧草与饲料作物的播种深度和播种量见表6-1。

表6-1　主要牧草与饲料作物的播种深度和播种量

牧　草	播种量（千克/亩）	播种深度（厘米）
紫花苜蓿	1.5~2	2~3
沙打旺	0.5~1	1~2
草木樨状黄芪	0.5~1	2~3
白花草木樨	1~1.5	2~4
黄花草木樨	1~1.5	2~4
羊草	3~4	2~3
赖草	3~4	2~3
披碱草	3~4	2~4
老芒麦	1.5~2	2~3
燕麦	3~5	3~5
谷子	2~3	3~4
秣食豆	4~6	3~4

（续表）

牧　草	播种量（千克/亩）	播种深度（厘米）
苏丹草	1.5~2.5	4~6
无芒雀麦	3~4	3~4
饲用玉米	2.5~3	5~10
饲用高粱	3~4	4~5
大麦	10~15	3~4
胡萝卜	1~1.5	2~3

（四）田间管理

牧草生育初期及整个生育过程中还需要采取一系列的田间管理技术措施，如破除土表板结、查苗补种、除草、施肥、灌溉和病虫害防除等。

1. 灌溉

有灌溉条件的地方，最好对人工草地进行灌溉，可获得高产。灌溉的方法大致有漫灌、喷灌和地下灌溉3类。一般每亩牧草地每年的灌水量大概为250立方米，1次灌水量为80立方米。在牧草全部返青之前，可以浇1次返青水。禾本科牧草从分蘖起到开花前，豆科牧草从孕蕾到开花前这段时间，可浇水1~2次，此外，在每次刈割之后必须进行灌溉，这在盐碱地上尤为重要。

2. 施肥

常用的无机肥有氮肥、磷肥和钾肥。其中，常用氮肥有：硫酸铵（含氮20%~21%）、硝酸铵（含氮33%~35%）、氯化铵（含氮24%~25%）、碳酸氢铵（含氮17%左右）、尿素（含氮44%~46%）等。常用磷肥有：过磷酸钙（过磷酸石灰，含P_2O_5，12%~18%），磷灰石粉（含$P_2O_5$14%以上）。常用钾肥有：硫酸钾（含K_2O 48%~52%）、氯化钾（含K_2O 50%~60%）、草木灰等。

在耕翻整地时，结合施用厩肥、堆肥等农家肥或迟效化肥（如钙镁肥、磷矿粉、过磷酸钙等）施基肥，农家肥一般每公顷施用15 000～37 500千克，钙镁磷肥用300～375千克，过磷酸钙150～300千克。

作为种肥施用的氮肥，可用硫酸铵，每公顷用量37.5～75千克。磷肥可用过磷酸钙，每公顷用量37.5～60千克。草木灰亦可作种肥，在酸性土壤上，每公顷用量2 250～3 000千克。

3. 杂草防除

大面积种植牧草时，利用除草剂是消灭杂草的主要方法，使用除草剂要根据药剂的特性、作用机制以及用药条件确定最佳施用方法。表6－2是几种常见除草剂在牧草上的应用情况。

表6－2　几种常见除草剂在牧草上的应用

除草剂	防治对象	施用时期	施用方法
氟乐灵	稗、狗尾草、马唐、看麦娘、藜、苋等	播种前1周	喷药混入5～8厘米土中，用量1 875毫升/公顷
灭草猛	稗、蟋蟀草、狗尾草、马唐、看麦娘等	播种前1周	用量3 000毫升/公顷
乙草胺	稗、狗尾草、马唐、蟋蟀草、臂形草等	播种前	用量1 125毫升/公顷
喹禾灵	野燕麦、稗、蟋蟀草、狗牙根、看麦娘等	杂草3～6叶期	用量975毫升/公顷
盖草能	匍匐冰草、野燕麦、稗、早雀麦、狗牙根	禾草2～4叶期	用量375毫升/公顷
苯达松	多种阔叶性杂草	杂草2～5叶期	用量3 000毫升/公顷
茅　毒	以阔叶性杂草为主	播种前	用量3 000毫升/公顷
百草枯	灭生性除草剂，对深根性杂草只杀死地上绿色部分	杂草出苗后至开花前	只做隙地杂草除治，用量6 250毫升/公顷

为了安全、经济有效地使用除草剂，必须注意选择晴朗、无风、温度适宜（20℃左右）的好天气施药。要有一定的空气湿度，喷药后保持至少24小时无雨，否则重喷。喷药应选在苜蓿生长的幼苗期

和盛花期进行。施药时应注意风向和附近的植物，防止伤害农作物或其他不该伤害的植物。喷药后，经过20~30天方可放牧或刈割。

4. 病虫害防治

我国栽培主要优良牧草易患且造成损失的病害有苜蓿锈病、霜霉病、褐斑病、白粉病；三叶草单孢锈病、三叶草白粉病、三叶草褐纹斑病；红豆草白粉病；黑麦草苗枯病、黑麦草冠锈病；雀麦纹枯病、褐斑病；披碱草属锈病等。

苜蓿锈病可用代森锰锌（0.2千克/公顷），氧化萎锈灵与百菌清混合剂（0.4千克/公顷和0.8千克/公顷），15%粉锈宁1 000倍液喷雾，都可防治锈病。

禾本科牧草的叶锈病可用敌锈钠200倍液加0.1% ~0.2%洗衣粉；敌锈酸200倍液，加入0.1% ~0.2%洗衣粉；代森锌65%的可湿性粉剂300~500倍液或灭菌丹50%可湿性粉剂300倍液喷雾。

牧草田间管理技术除以上介绍的几种措施外，还有破除土壤板结、查苗补种等技术。牧草播种后，出苗之前如进行灌溉或遇大雨土表易板结（尤其夏季播种），需要用短齿耙或带短齿的圆镇压器破除土壤板结，或进行轻度灌溉消除板结。

二、盐碱地牧草种植技术

盐碱地牧草种植技术措施基本同普通土壤饲草种植技术，主要差别是施肥、草种选择、播种量的确定（表6-3）。

表6-3 耐盐碱牧草的播种量和播种深度

牧　草	耐土壤盐碱 pH 值	播种量（千克/公顷）	播种深度（厘米）
紫花苜蓿	7~8	22.5~30	2~3
沙打旺	7~10	7.5~15	1~2
草木樨状黄芪	7~8	7.5~15	2~3

（续表）

牧　草	耐土壤盐碱 pH 值	播种量（千克/公顷）	播种深度（厘米）)
白花草木樨	7～9	15～22.5	2～4
黄花草木樨	7～9	15～22.5	2～4
扁蓿豆	7～9.0	15～30	1～2
羊草	7～10.5	45～60	2～3
赖草	7～10	45～60	2～3
冰草	7～8.5	220.5～30	2～3
偃麦草	7～8	30～45	2～3
披碱草	7～9	45～60	2～4
老芒麦	7～8.5	22.5～30	2～3
高燕麦	7～8	45～75	3～5
看麦娘	7～8	22.5～30	3～5
野大麦	7～9	15～22.5	2～3
碱茅	7～10.5	15～22.5	2～3
燕麦	7～9	45～75	3～5
高粱	7～8.5	45～60	4～5
谷子	7～8	30～45	3～4
秣食豆	7～8.5	60～90	3～4
甜菜	7～10	20～30	2～4

三、干草调制技术

干草调制是把天然草地或人工种植的牧草和饲料作物进行适时收割、晾晒和贮藏的过程。

（一）牧草的收割

牧草收割主要是考虑适宜的收割时间和留茬高度。

1. 牧草收割的适宜时期

豆科牧草的最适收割期应为现蕾盛期至始花期，年生禾本科牧草应在抽穗——开花期刈割。秋季在停止生产前30天刈割。

2. 割草留茬高度

1年只收割1茬的多年生牧草为留茬高度为4~5厘米，1年收割2茬以上的多年生牧草每次的留茬高度宜保持在6~7厘米。

3. 牧草收割方法

人工割草在我国农区和半农半牧区小面积种植牧草时，仍然是主要的割草方法。镰刀割草一般每人每天可刈割250~300千克鲜草，钐刀每人每天可刈割1 200~1 500千克鲜草。

机械化割草适用于大面积种植牧草的养殖场，机动割草机可分为牵引式和悬挂式两种。

（二）牧草的干燥

牧草干燥方法可分为自然干燥法和人工干燥法两类。自然干燥法主要有地面干燥法，牧草刈割后就地干燥4~6小时，使其含水量降至40%~50%时，用搂草机搂成草垄继续干燥。当牧草含水量降到35%~40%，牧草叶片尚未脱落时，用集草器集成草堆，经2~3天可达完全干燥。豆科牧草在叶子含水分26%~28%时，叶片开始脱落；禾本科牧草在叶片含水量为22%~23%时，叶片开始脱落，即牧草全株的总含水量在35%~40%以下时，叶片开始脱落。为了保存营养价值高的叶片，搂草和集草作业应在叶片尚未脱落以前，即牧草含水量不低于35%~40%时进行。在我国东北、内蒙古东部以及南方一些山地草原区，刈割期正值雨季，应注意使牧草迅速干燥。

目前，常用的人工干燥法有鼓风干燥法和高温快速干燥法。鼓风干燥法是把刈割后的牧草压扁并在田间预干到含水50%时，装在设有通风道的干草棚内，用鼓风机或电风扇等吹风装置进行常温鼓风干燥。高温快速干燥法是将鲜草切短，通过高温气流，使牧草迅速干燥。干燥时间的长短决定于烘干机的种类和型号，从几小时到几分钟。

（三）干草贮藏

干草贮藏是牧草生产中的重要环节，干草水分含量的多少对干草贮藏成功与否有直接影响，因此，在牧草贮藏前应对牧草的含水量进行判断。生产上大多采用感官判断法来确定干草的含水量。

1. 干草水分含量的判断

当调制的干草水分含量达到15% ~18%时，即可进行贮藏。为了长期安全的贮存干草，在堆垛前，应使用最简便的方法判断干草所含的水分，以确定是否适于堆藏。其方法如下。

①含水分15% ~16%的干草，紧握发出沙沙声和破裂声（但叶片丰富的低矮牧草不能发出沙沙声），将草束搓拧或折曲时草茎易折断，拧成的草辫松手后几乎全部迅速散开，叶片干而卷。禾本科草茎节干燥，呈深棕色或褐色。

②含水分17% ~18%的干草，握紧或搓揉时无干裂声，只有沙沙声。松手后干草束散开缓慢且不完全。叶卷曲，当弯折茎的上部时，放手后仍保持不断。这样的干草可以堆藏。

③含水分19% ~20%的干草，紧握草束时，不发出清楚的声音，容易拧成紧实而柔韧的草辫，搓拧或弯曲时保持不断。不适于堆垛贮藏。

④含水分23% ~25%的干草搓揉没有沙沙声，搓揉成草束时不易散开。手插入干草有凉的感觉。这样的干草不能堆垛保藏，有条件时，可堆放在干草棚或草库中通风干燥。

2. 干草的堆藏

散干草当调制的干草水分含量达15% ~18%时即可进行堆藏，

长方形草垛一般宽4.5~5米，高6.0~6.5米，长不少于8米；圆形草垛一般直径应4~5米，高6~6.5米。为了防止干草与地面接触而变质，必须选择高燥的地方堆垛，草垛的下层用树干、秸秆或砖块等作底，厚度不少于25厘米。垛底周围挖排水沟，沟深20~30厘米，沟底宽20厘米，沟上宽40厘米。垛草时要一层一层地堆草，长方形垛先从两端开始，垛草时要始终保持中部隆起高于周边，以便于排水。堆垛过程中要压紧各层干草，特别是草垛的中部和顶部。从草垛全高的1/2或2/3处开始逐渐放宽，使各边宽于垛底0.5米，以利于排水和减轻雨水对草垛的漏湿。为了减少风雨损害，长方形垛的窄端必须对准主风方向，水分较高的干草堆在草垛四周靠边处，便于干燥和散热。

干草捆体积小，密度大，便于贮藏，一般露天堆垛，顶部加防护层或贮藏于干草棚中。草垛的大小一般为宽5~5.5米，长20米，高18~20层干草捆。底层草捆应和干草捆的宽面相互挤紧，窄面向上，整齐铺平，不留通风道或任何空隙。其余各层堆平（窄面在侧，宽面在上下）。为了使草捆位置稳固，上层草捆之间的接缝应和下层草捆之间的接缝错开。从第2层草捆开始，可在每层中设置25~30厘米宽的通风道，在双数层开纵向通风道，在单数层开横向通风道，通风道的数目可根据草捆的水分含量确定。干草一直堆到8层草捆高，第9层为“遮檐层”，此层的边缘突出于8层之外，作为遮檐，第10、第11、第12以后呈阶梯状堆置，每一层的干草纵面比下一层缩进2/3或1/3捆长，这样可堆成带檐的双斜面垛顶，垛顶共需堆置9~10层草捆。垛顶用草帘或其他遮雨物覆盖。干草捆除露天堆垛贮藏外，还可以贮藏在专用的仓库或干草棚内，简单的干草棚只设支柱和顶棚，四周无墙，成本低。

（四）干草的品质鉴定

生产中常用感官判断，它主要依据下列5个方面粗略地对干草品质作出鉴定。

颜色气味：干草的颜色是反映品质优劣最明显的标志（表6－4）。

表6－4　干草颜色感官判断标准

等级	颜色	养分	饲用价值	分析与说明
优良	鲜绿	完好	优	刈割适时，调制顺利，保存完好
良好	淡绿	损失小	良	调制贮存基本合理，无雨淋、霉变
次等	黄褐	损失重	差	刈割晚，受雨淋，高温发酵
劣等	暗褐	霉变	不宜饲用	调制、贮存均不合理

叶片含量：干草中的叶量多，品质就好。鉴定时取一束干草，看叶量的多少，禾本科牧草的叶片不易脱落，优质豆科牧草干草中叶量应占干草总重量的50%以上。

（五）草捆加工技术

在压捆时必须掌握好其含水量。一般认为，比贮藏干草的含水量略高一些，就可压捆。在较潮湿地区适于打捆的牧草含水量为30%～35%；干旱地区为25%～30%。根据打捆机的种类不同，打成的草捆分为小方草捆、大方草捆和圆柱形草捆三种。

四、饲草青贮技术

青贮饲料有“草罐头”之称，世界各国都将青贮饲料作为重要的青绿多汁饲料饲喂草食家畜。

1. 青贮饲料单位容积内贮量的估算

青贮饲料贮藏空间比干草小，可节约存放场地。1立方米青贮料重量为450~700千克，其中，含干物质为150千克，而1立方米干草重仅70千克，约含干物质60千克。1方青贮苜蓿占体积1.25立方米，而1方苜蓿干草则占体积13.3~13.5立方米。

2. 常用的青贮原料

青刈带穗玉米是青贮的最佳原料。收获果穗后的玉米秸秆也是常见的青贮原料。此外，甘薯藤、块根块茎类也可作为青贮原料。近年来，在玉米地里间作草木樨，既增加了青贮原料的来源和营养价值，又增加了土壤肥力。除农作物外，人工栽培牧草如苜蓿、紫云英、毛苕子、沙打旺、雀麦草、野香草等都可作青贮原料。

豆科牧草和作物属难青贮的饲料，除可与禾本科牧草和作物混合青贮外，还可添加玉米粉、大麦粉、糠麸以及制糖业的副产品糖蜜等青贮。豆科牧草和禾本科牧草混合青贮的比例以1：1.3为宜。

收获籽实后的半青作物秸秆及其他农副产品，水分含量低，可发酵碳水化合物含量少，需要与瓜类、甘薯及其藤蔓、胡萝卜及茎叶、各种蔬菜如甘蓝等混合青贮，可取长补短，易于调制成优质青贮料，也便于长期保存。

3. 青贮的设施

青贮窖的基本要求是：严密不透气，不透水，墙壁要平直，宽：深为1：1.5或1：2。

近年来，随着塑料工业的发展，一些饲养场采用质量较好的塑料薄膜制成袋，装填青贮饲料，袋口扎紧，堆放在畜舍内，使用很方便。小型袋宽一般为50厘米，长80~120厘米，每袋装40~50千克。“小型裹包青贮”技术是国外使用较多的一种青贮方式。“袋式青贮”技术，特别适合于苜蓿、玉米秸秆、高粱等的大批量青贮。该技术是将饲草切碎后，采用袋式罐装机械将饲草高密度地装入由塑料拉伸膜制成的专用青贮袋，在厌氧条件下，实现青贮。此技术可青贮含水率高达60%~65%的饲草。一只33米长的青贮袋可罐装近100吨饲草。

4. 青贮的方法

青贮的操作要点概括起来就是要做到“六随三要”，即随割、随运、随切、随装、随踩、随封，连续进行，一次完成；原料要切碎，装填要踩实、窖顶要封严。

（1）原料的收割　禾本科牧草的最适宜刈割期为抽穗期（大概出苗或返青后50～60天），而豆科牧草在开花初期刈割最好。专用青贮玉米（即带穗整株玉米），多采用在蜡熟末期收获，即在干物质含量为25%～35%时收割最好，并选择在当地条件下初霜期来临前能达到蜡熟末期的早熟品种。兼用玉米（即籽粒做粮食或精料，秸秆作青贮饲料的玉米），目前，多选用籽粒成熟时茎秆和叶片大部分呈绿色的杂交品种，在蜡熟末期及时掰果穗后，抢收茎秆作青贮，即宜在玉米果穗成熟、玉米茎叶仅有下部1～2片叶黄时，立即收割玉米秸秆青贮；或玉米七成熟时，削尖后青贮，但削尖时果穗上部要保留一张叶片。

（2）调节水分　适时收割时其原料含水量通常为75%～80%或更高。要调制出优质青贮饲料，必须调节含水量65%～70%。

（3）切短　对牛、羊等草食家畜来说，细茎植物如禾本科牧草、豆科牧草、草地青草、幼嫩玉米苗、叶菜类等，切成3～5厘米长即可。对粗茎植物或粗硬的细茎植物如玉米、向日葵等，切成2～3厘米较为适宜。叶菜类和幼嫩植物，也可增加切段长度或不切短青贮。

（4）装填和压紧　在装填时，必须集中人力、机具，缩短原料在空气中暴露的时间，装窖越快越好。装填前，先将窖或塔打扫干净。如窖为土窖，内壁要铺塑料薄膜。在窖底部填一层10～15厘米厚切短的秸秆或软草，以便吸收青贮汁液。原料逐层平摊。每层装15～20厘米厚即应踩实，然后继续装填。装填时应特别注意踩压四角与靠壁的地方，如此边装边踩实，一直装满窖并高出窖口70厘米左右。青贮饲料紧实程度是青贮成败的关键之一，青贮紧实度适当，发酵完成后饲料下沉不超过深度的10%。

（5）封盖　填满窖后，先在上面盖一层切短的（5～10厘米长）

秸秆或青草（厚约20厘米），或铺盖塑料薄膜，然后压土，土厚30~50厘米，覆盖拍实并堆成馒头状，以利排水。距窖四周约1米远处挖排水沟，防止雨水渗入窖内。封窖几天内原料下沉，若窖顶土出现裂缝，应及时覆土压实，防止透气漏水。

5. 青贮饲料的品质鉴定

生产中常用感官鉴定法评定青贮饲料品质。感官鉴定通过色、香、味和质地来评定（表6-5）。

表6-5　青贮饲料感官鉴定标准

等级	色	味	嗅	质地
上	黄绿色、绿色	酸味较多	芳香味	柔软、稍湿润
中	黄褐色、黑褐色	酸味中等	芳香、稍有酒精味或酪酸味	柔软，稍干或水分稍多
下	黑色	酸味很少	臭味	干燥松散或黏结成块

6. 青贮饲料对羊的饲喂技术

青贮原料发酵成熟后即可开窖取用，如发现表层呈黑褐色并有腐臭味时，应把表层弃掉。对于直径较小的圆形窖，应由上到下逐层取用，保持表面平整。对于长方形窖，宜从一端开始分段取用，先铲去约1米长的覆土，揭开塑料薄膜，由上到下逐层取用直到窖底。然后再揭去1米长的塑料薄膜，用同样方法取用。每次取料的厚度不应少于9厘米，不要挖窝掏取。每次取完后用塑料薄膜覆盖露出的青贮料，以防雨雪落入及长时间暴露在空气中引起变质霉烂。

青贮饲料是羊的一种良好的粗饲料，一般占日粮干物质的50%以下，初喂时有的家畜不喜食，喂量应由少到多，让其逐渐适应后，即可习惯采食，喂青贮料后，仍需喂给精料和干草。每天根据喂量，用多少取多少，否则，容易腐臭或霉烂。劣质的青贮料不能饲喂，冰冻的青贮料应待冰融化后再喂。妊娠家畜应适当减少青贮饲料喂量，妊娠后期停喂，以防引起流产。实践中，应根据青贮饲料的饲料品质和发酵品质来确定适宜的每日喂量。一般每天每只羊的喂量为1.5～5千克，但不同生长期的羊要适当增减喂量。

五、秸秆的加工调制与应用

（一）秸秆的物理处理

1. 切碎、粉碎

切碎是加工调制秸秆最简便而又重要的方法，是进行其他加工的前处理。切碎长度：一般羊1.5～2.5厘米：粉碎细度宜7毫米左右。

2. 浸泡

浸泡处理方法是每100千克温水加食盐3～5千克，将切碎的秸秆分批在食盐水中浸泡，24小时后取出，加入10%左右的精料或糠麸即可饲喂。

3. 蒸煮

将切碎的秸秆加少量的豆饼和食盐煮30分钟，凉后取出喂羊。或将切碎的秸秆与胡萝卜混合放入铁锅内，锅下层通有气管，管壁上有洞眼，锅上覆盖麻袋，由气管通入蒸汽20～30分钟，经5～6小时后取出喂羊。

4. 碾青

将秸秆和豆科鲜牧草分层铺在晒场上，厚度约为40厘米，然后上覆一层秸秆，用磙子或拖拉机在上面碾压。

（二）秸秆的微贮

秸秆饲料，无论是青绿秸秆，还是枯黄秸秆都可以在水泥池、缸或塑料袋内制作微贮饲料。先将选购的菌种复活，按每吨黄干秸秆取秸秆发酵活干菌3克，若青绿秸秆则取1.5克，放于200毫升水中进行充分溶解。若再向水中加入 20 克白糖，可以提高菌种复活率。然后于常温下放置 1 ~2 天，使菌种复活。但菌种复活后不可隔夜使用。再配制 1% 食盐溶液，溶液量根据微贮原料量及含水量计算，以使微贮原料喷洒盐菌液后含水量达 60% ~70% 为宜，最后将复活的菌液倒入食盐溶液中拌匀。

将秸秆切成 3 ~5 厘米长，逐层装入水泥池内，每装 20 ~30 厘米时，均匀喷洒一层盐菌液，压实，以排除空气。直至秸秆超出池口 30 ~40 厘米时，做成馒头形，喷完盐菌液，压实，再按 250 克/平方米的量撒上一层食盐粉，覆盖塑料薄膜，并铺 20 ~30 厘米厚的软秸秆，覆土 15 厘米厚密封。微贮期间经常检查，防止漏气进水，使其保持密封状态。

制作微贮饲料的适宜温度为 10 ~40℃，因此，可以制作的时间长。尤其在冬季、春季，饲料不足的情况下，制作微贮饲料，能够充分利用农作物秸秆，使之发酵后转变成适口性好，消化率高的优质饲料。

六、饲草生产计划安排技术

现以一基础母羊为 600 只的羊场，准备饲草料 150 天为例，说明饲草生产设计。

（一）饲草需要计划的制定

1. 编制畜群周转计划

首先，要根据该场所养畜群类型、现有数量及配种和产羔计划编制羊群周转计划（表 6 -6），然后，再根据羊群周转计划，计算出每个月所养各类型羊的数量。羊群周转计划的期限为一年，一般在年底制定下一年的计划。

表 6－6　羊群周转计划

组别	年初存栏数	增加			减少				年终存栏数
		出生	购入	转入	转出	出售	淘汰	死亡	
母羊	600			100			100		600
公羊	13								13
羔羊	720	720			100	620			0

2. 确定饲草需要量

根据羊每天所需饲草的数量，可根据饲养标准和实践经验来确定（表6－7）羊的饲草需要量，然后按下式计算饲草需要量。

表 6－7　不同类型羊饲草平均日定量参考表　　单位：千克

类别	精饲料	粗饲料（包括干草和秸秆）	青贮饲料	多汁饲料
母羊	0.5～0.8	1.7～2.2	0.5～0.7	0.3～0.5
公羊	0.8～1.2	2.0～2.5	0.5～0.7	0.2～0.8
育成羊	0.4～0.6	1.2～1.8	0.4～0.6	0.2～0.5
育肥羊	0.5～0.8	1.4～2.0	0.4～0.6	
羔羊	0.1～0.4	0.4～0.8	0.1～0.3	0.1～0.3

饲草需要量 ＝ 平均日定量×饲养日数×平均只数

其中，平均只数 ＝ 全年饲养总只日数÷365

根据上述公式，就可以计算出每个月各类羊对不同饲草的需要量（见表6－8），因而也可以计算出全群羊全年对各种饲草需要量。

表6-8 饲草需要量统计表

数量＼组别		母羊 600只	公羊 13只	羔羊 720只
日需要量（千克）	精料	540	12.35	216
	粗饲料	1 200	26	1 080
	青贮饲料	300	6.5	144
	多汁饲料	300	6.5	144
月需要量（吨）	精料	1.62	0.37	0.65
	粗饲料	129.6	0.78	32.4
	青贮饲料	9	0.2	4.32
	多汁饲料	9	0.2	4.32
150天需要量（吨）	精料	8.1	1.85	3.24
	粗饲料	648	3.9	162
	青贮饲料	45	0.98	21.6
	多汁饲料	45	0.98	21.6

（二）饲草供应计划的制定

在制定供应计划时，首先，要检查本单位现有饲草的数量，即库存的青、粗、精饲草的数量，计划年度内专用饲草地能收获多少及收获时期。有放牧地时，还要估算计划年度内草地能提供多少饲草及利用时期。然后，将所有能采收到的饲草数量及收获期进行记录统计，再和需要量作一对比，就可知道各个时期饲草的余缺情况，不足部分要作出生产安排，以保证供应。

（三）饲草种植计划的制定

在制定饲草种植计划时，首要问题是确定合理的种植面积，以保证土地资源的合理利用。各种饲草的种植面积可根据下式计算：

某种饲草的种植面积 = 某种饲草总需要量 ÷ 单位面积产量

由上式可知，要确定合理的种植面积，首先，要确定各种饲草作物的单位面积产量即单产。由于单产的变化将会引起饲草生产计划各个环节的变动，因此，要确定各种饲草的单产，必须要系统地分析历史资料，并结合当前的生产条件，加以综合分析，使估算的单产与生产实际相吻合。估算各种作物秸秆产量：

水稻秸秆产量 = 稻谷产量 ×0.966　　（留茬5厘米）

小麦秸秆产量 = 小麦产量 ×1.03　　（留茬5厘米）

玉米秸秆产量 = 玉米产量 ×1.37　　（留茬15厘米）

高粱秸秆产量 = 高粱产量 ×1.44　　（留茬15厘米）

谷子秸秆产量 = 谷子产量 ×1.51　　（留茬5厘米）

大豆秸秆产量 = 大豆产量 ×1.71　　（留茬3厘米）

薯秧产量 = 薯干 ×0.61

花生秧产量 = 花生果 ×1.52

（四）饲草平衡供应计划

首先，饲草的供应数量要和需要量相平衡，为此，要编制饲草平衡供应表，经过平衡，对余缺情况作出适当调整，求得饲草生产与饲草需要之间的平衡。

在制定饲草生产计划时，为了防止意外事故的发生，通常要求实际供应的数量比需要量多出一部分，一般精料多5%，粗饲料多10%，青饲料多15%，此即保险系数。在种植计划中，一般要保留20%的机动面积，以保证饲草的充足供应。

为了保证饲草的平衡供应，必须要建立稳固的饲草基地，除本单位进行种植生产外，也要和周边农户建立稳定的合作关系，保证饲草的种植面积。其次，要通过轮作、间、套、复种，以及采用先进的农业技术措施，大幅度提高单产。第三，通过青贮、氨化、干草的加工调制及块根、块茎类饲料的贮藏，解决饲草供应的季节不平衡性。第四，要实行幼畜当年肥育出栏，以解决冬春饲草供应不足的矛盾。

第七章

肉羊养殖设施和环境控制技术

羊场是肉羊集约化、规模化生产的场所，羊场建设与环境控制是养羊生产中的重要环节，为了有效地组织羊场生产，必须以节能减排为前提，以有利于肉羊健康，有利于生产力充分发挥，有利于提高劳动效率为原则，对羊场精心设计、综合规划，按最佳的生产联系和卫生要求等配置有关建筑物，合理利用自然和社会条件，实现肉羊规模健康养殖和可持续发展。

一、场址选择

选择羊场场址时，应根据羊场的经营方式（单一经营或综合经营）、生产特点（良种场或商品场）、饲养管理方式（舍饲或放牧）以及生产集约化程度等基本特点，对地势、地形、土质、水源，以及居民点的配置、交通、电力、物资供应、废弃物处理等条件进行全面的考察。

（一）地形、地势

地势要求干燥平坦，向阳避风，最好有一定坡度以利排水，但坡度不能太大。地形要求宽大、不要过于狭长和边角太多，以免场内建筑物布局松散，拉长生产作业线，增加劳动强度和管道等设备投资。

（二）土质

不良的土壤或被污染的土壤对羊场的建筑物、环境卫生、羊只健康、防病防疫、产品质量等产生不利影响，因而在建场前必须认真选择土质。以下几种情况不宜建造羊场。

（1）纯粹黏土类土质不宜建场　黏土类土质颗粒细，粒间孔隙极小，毛细管作用明显，因而吸湿性强、容水量大、透气透水性差，容易潮湿、泥泞，当长时期积水时，易沼泽化。在此土质上修建畜舍，舍内容易潮湿，为蚊蝇与微生物孳生创造条件，不利于防疫卫生。此外，由于这种土壤的自净能力很差，粪尿、污水渗入其中易于厌氧发酵产生有害气体。由于其容水量大，在寒冷地区冬天结冻时，湿黏土结冰，体积膨胀变形，可导致建筑物基础损坏。介于黏土类土质的诸多弊端，一般不适于建造羊场，如果别无选择，应是建筑物基础深入冻土层以下，且加设防潮层；地面也要设置混凝土等防水层。

（2）地下水位高的土壤不宜建场　地下水位高会导致畜舍潮湿，不仅影响畜舍的环境卫生与疫病防控，而且能缩短建筑物的使用寿命。

（3）被病原微生物污染的土壤不宜建场　病原微生物给养羊生产带来巨大威胁，轻则影响羊只健康与生产力，重则导致全军覆没，建场时要对当地土壤进行严格的检测和详细的调查。

（三）水源

水是维持肉羊生命、健康及生产力的必要条件，充足、清洁的水源是养羊生产顺利进行的重要保障。在羊场的生产过程中，羊只饮用、饲料调制、用具的清洗都需用水，因此，建一个羊场，要有可靠的水源。水源应水量充足、水质良好、便于防护、取用方便。

（四）社会联系

羊场场址选择要遵循社会公共卫生准则，不能成为周围社会的污染源，同时，也要不受周围环境所污染。因此，羊场的位置应选在居民区的下风向，间距保持500米以上，但要远离居民区排污口；不可靠近化工厂、屠宰场、制革厂、兽医院等污染源，不应在其下风向。

羊场要求交通便利，为了防疫安全与主要公路的距离至少要在300米以上，与国道、省际公路的距离保持500米以上。

二、羊场布局

羊场要根据自己的生产方向和经营特点合理规划场地，精心布局建筑物，以最经济的投资、最紧凑的生产线、最便捷的生产条件，实现最高效的生产。

羊场通常分为生产管理区、生产区、粪污及病死羊处理区。

（一）管理区

管理区是场区管理和对外业务的窗口，与社会联系频繁，造成疫病传播的机会极大，因此，要以围墙分隔，单独设区，严格管理，认真消毒、防疫。管理区一般处于羊场的最上风向或者地势最高的地方。

（二）生产区

生产区是羊场的核心，包括羊舍、饲料加工调制车间、干草棚、青贮窖、人工授精室、兽医室、药浴池等。为了饲养管理方便和防病防疫安全，生产区内要按种公羊、繁殖母羊、育成羔羊、商品育肥羊分区管理，而且按一定的顺序布局。一般饲草料区放在生产区的上风向，依次是种公羊舍、母羊舍、育肥羊舍、兽医室等。

（三）粪污及病死羊处理区

粪污要定点处理，位于羊场的最下风向，羊粪一般采用堆积腐熟发酵的处理方式，羊粪堆沤池要求有防雨、防渗漏、防溢流设施。病死羊要焚烧、掩埋，不得随意丢弃。

三、肉羊养殖生产设施

（一）羊舍

羊在圈舍内应有足够的面积，生产方向和生长发育阶段不同，羊只的羊舍面积也有别。羊舍面积要根据羊的性别、个体大小、不同生理阶段和羊只数量来决定。

羊舍过窄小，羊只拥挤，不仅舍内易潮湿，空气混浊，污染严重，环境质量差，有碍于羊体的健康，而且饲养管理也不方便，影响生产效果；羊舍面积过大，不但造成浪费，加大建场成本，同样管理不便，而且也不利于冬季保暖。

羊舍以坐北朝南、东西走向为宜，单列式或双列式布置。

羊舍应具备良好的隔热、防寒、保暖、通风、排湿以及采光性能。

1. 建筑面积

平均每只羊使用面积：种公羊 3.0～5.0 平方米，母羊 1.5～2.0 平方米，妊娠或产羔母羊 2.5～3.0 平方米，育肥羔羊 0.8～1.0 平方米。单列式建筑面积等于 1.5 倍的使用面积，双列式建筑面积等于 1.35 倍使用面积。

2. 羊舍的类型

建造羊舍的目的是保暖、防寒，便于降温、防暑和免受风寒侵害，同时，利于各类羊群管理。专业性强的规模羊场，羊舍建造应考虑不同生产类型羊的特殊生理需求，以保证羊群有良好的生活环境。不同类型羊舍，在提供良好小气候条件上有很大的差别。

根据不同结构的划分标准，可将羊舍划分为若干类型。

按照羊舍封闭程度划分，可划分为封闭式、半开放式和开放式 3

种类型。

按照羊舍屋顶形式划分，可分为单坡式、双坡式、平顶式、拱式、窑洞式等。

单坡式羊舍跨度小，自然采光好，适用于小规模羊群、小型羊场或农户修建简易羊舍选用；双坡式羊舍跨度大，保暖能力强，但自然采光和通风差，占地面积少，适合于寒冷地区采用，是最常用的一种类型。山区窑洞式羊舍冬暖夏凉也是很好的羊舍类型。

3. 羊舍建筑的基本结构

地基：是支撑建筑物的土层，简易的小型羊舍，因负载小，一般建于自然地基上，大中型羊舍要求有足够的承重能力和厚度，抗冲刷力强，膨胀性小，下沉度应小于2～3厘米。

基础：是墙壁没入土层的部分，是墙体的延续和支撑。要求具备坚固耐久、抗机械能力及防潮、抗震、抗冻能力强。一般基础比墙宽10～15厘米，可选择砖、石、混凝土、钢筋混凝土等作基础建筑材料。

地面：羊舍地面是羊躺卧、排泄和生产的地方，地面的保暖与卫生状况很重要。三合土地面最常用，保温性好，干燥，便于清洁，保持温暖。漏缝地面一般采用竹条漏粪地板和木条漏粪地板，羊躺卧舒适，效果好。

墙：冬季通过墙体的散热量占羊舍总散热量的35%～40%。我国多采用土墙、砖墙和石墙等。墙壁的种类，根据各地情况和经济条件决定，不论采用哪种，都应考虑造价低、保温好、易消毒。土墙建筑造价低、导热小、保温好、便于采用，但易被雨水冲毁，易湿、不易消毒，小规模简易羊舍可采用，可将离地面1米处的高度用砖石砌成，使其坚固耐用。砖墙坚固耐用，防火，但不防潮，应在墙基和勒脚加水泥防潮面。石墙，坚固耐久，但导热性大，寒冷地区效果差，需要加厚墙体。

屋顶：具有防雨水、保温和隔热的作用，其保温、隔热作用相对大于墙。屋顶结构可有单坡式、双坡式、窑洞式等多种类型。羊舍内因上部温度高，屋顶内外的温差大于墙内外的温差，通常采用多层建筑材料，增加屋顶的保温性。其材料有石棉瓦、土木、预制板、彩钢等。

羊舍屋顶的高度根据饲养地区适合的羊舍类型和所容羊数而定。原则上羊数愈多，羊舍亦应愈高，以扩大空间，保证足量空气。单坡式羊舍，一般前檐高2.2~2.5米，后檐高1.7~2.0米，屋顶斜面呈25°~30°。单坡式屋顶用于单列式羊栏的农户小型羊场；双坡式屋顶多用于双列式羊栏的大、中型羊场。

门：羊舍门宽1.2~1.5米，高1.6~1.8米；大型羊舍门宽2.5~3.0米，高2.0~2.5米，可设为双扇门，便于大车进出运送草料和清扫羊粪。因羊好拥挤，所以，门要保证羊只自由出入，安全生产。

窗户：窗户面积与舍内地面面积之比1∶12。成年羊羊舍比例较大些，产羔室可小些。窗的宽度与高度根据气候条件决定，一般宽度为1~1.2米，高度为0.5~1.0米，窗台离地面1.3~1.5米。寒冷地区应注意保温，后墙窗户不可过大。

羊栏：舍内围栏高度不低于1.2米。

饲槽：饲槽表面应光滑、耐用，饲槽底部为圆弧形，槽体高25厘米，槽内径宽26厘米，槽深16厘米。每只羊槽位30~40厘米。

（二）运动场与饮水槽

每一栋羊舍附设一个运动场，位于羊舍南面，围墙为花栏墙或铁围栏，高度1.2米；运动场砖铺地面，向外坡度1.5%，面积为羊舍占位面积的2倍。运动场地面处理要求致密、坚实、平整、不硬滑，达到卧息舒服，而且要便于排污、清扫、消毒。运动场边设饮水槽。

（三）饲料加工间与饲料库

饲料加工间是用于粉碎、混合饲料的车间。饲料库是存放饲料的仓库，饲料库要满足1~2个月生产需要。

（四）青贮窖与干草棚

青贮窖建于排水良好、地下水位低的地方，呈倒梯形，羊只只均容积 0.5 立方米。干草棚干草贮备应满足 10 个月生产需要。

（五）晒场

晒场主要用于晒制干草、饲料所用，面积不小于 180 平方米。

（六）人工授精室、兽医室

羊场人工授精室 30～40 平方米，兽医室约 20 平方米。

（七）药浴池、堆粪场、消毒设施

药浴池用于羊只体外驱虫。药浴池可用水泥、砖、石等材料砌成，池长 12.5 米，池顶宽 0.8 米，以羊能通过但不能转身为准，池底宽 0.6 米，深 1.2 米。入口处围栏 25 平方米，出口处围栏 35 平方米；入口处设漏斗形围栏，使羊依次顺序进入药浴池。浴池入口呈陡坡，羊走入时可使羊迅速滑入池中，出口处斜坡倾斜度小，有一定倾斜坡度即可，斜坡上并设有小台阶或横木条，其作用一是不使羊滑倒，便于走上台阶；二是羊在斜坡上停留一些时间，使身上余存的药液流回到药浴池。

羊场堆粪场应建在羊场最下风向，需要防雨、防渗漏、防溢流设施。

消毒设施主要有大门消毒池和消毒通道。消毒池设在大门口以及生产区进出口，消毒池内的消毒液应使用 2% 氢氧化钠溶液，每 3～7 天更换一次，消毒池的长度不小于 3 米（车轮周长），深度 15～20 厘米。人行通道设在消毒间内，顶棚安装紫外线消毒或喷雾消毒设施。

四、羊舍环境控制技术

羊舍适宜温度为10～30℃。冬季产羔舍最低舍温应保持在8℃以上，一般羊舍温度在0℃以上，夏季舍温不超过30℃。

1. 冬季羊舍的防寒保暖

在不影响饲养管理及舍内卫生状况的前提下，适当加大舍内养羊的密度；利用干土等垫料以保持地面干燥，增强羊只躺卧的温热效果；防止舍内潮湿，提高建筑材料的保温隔热能力；控制气流，防止贼风；充分利用太阳辐射设计塑料暖棚，以提高舍温。

2. 夏季羊舍的防暑降温

羊舍朝阳面设置遮阳棚或在羊舍屋面搭盖遮阳物；加强通风换气；降低饲养密度；早晚饲喂。

3. 羊舍湿度与防潮管理

羊舍要保持干燥，地面不能太潮湿，舍内空气相对湿度应保持在50%～70%为宜。生产中可采取下列措施减少舍内湿度。①妥善选择场址，把羊舍修建在高燥地方，羊舍的墙基和地面应设防潮层；②对已建成的羊舍应待其充分干燥后才开始使用；③在饲养管理过程中尽量减少舍内用水，并力求及时清除粪便，以减少水分蒸发；④加强羊舍保温，勿使舍温降至露点以下；⑤保持舍内通风良好，及时将舍内过多的水汽排出；⑥勤垫干土可以吸收大量水分，是防止舍内潮湿的一项重要措施。

4. 羊舍的有害气体及其控制

在羊舍内，产生最多、危害最大的有害气体主要有：氨、二氧化碳和恶臭物质。

氨（NH_3）是有刺激性的有毒气体，羊吸入大量氨时，吸附于鼻、咽喉、气管、支气管等粘膜及眼结膜上，引起疼痛、咳嗽、流泪，发生气管炎、支气管炎及结膜炎等。二氧化碳本身无毒性，但高浓度的二氧化碳可使空气中氧的含量下降而造成缺氧，引起慢性中毒。羊长期处于这种缺氧环境中，会表现出精神萎靡，食欲减退，增重较慢，体质下降。恶臭物质来自粪尿等腐败分解产物，新鲜粪便、消化道排出的气体、皮脂腺和汗腺的分泌物、黏附在体表的污物等也会散发出特有的难闻气味。

消除舍内有害气体的措施：合理设计羊舍的除粪装置；设置通风换气系统，将舍内有害气体及时排出舍外；注意羊舍防潮，氨易溶于水，当舍内湿度过大时，氨溶解在水汽中，当舍温上升时，这些有害气体又挥发出来，污染环境；羊舍干土垫圈可吸收一定量有害气体。

第八章

肉羊常见疾病预防和治疗

一、羊场常用药物

（一）青霉素

1. 作用和用途

青霉素主要治疗呼吸系统感染、乳腺炎、子宫炎、化脓性腹膜炎、恶性水肿、气肿疽、气性坏疽、肾盂肾炎及创伤感染等，对泌尿系统感染及恶性水肿、放线菌病等也有良好效果。

2. 用法与用量

青霉素 G 钾（或钠）盐粉针剂，以灭菌生理盐水或注射用水溶解，肌肉注射；以生理盐水或 5% 葡萄糖注射液稀释至每毫升 5 000 国际单位以下浓度，作静脉注射。每天 2 ~ 4 次，每次每千克体重 2 万 ~ 3 万国际单位。

（二）头孢噻呋

1. 作用与用途

头孢噻呋临床常用于治疗急性呼吸系统感染、乳腺炎等。

2. 用法与用量

注射用头孢噻呋，肌肉注射，每次每千克体重 3 毫克，每天 1 次，连用 3 天；盐酸头孢噻呋注射液，肌肉注射，每次每千克体重

3~5 毫克，每天1次，连用3天。

（三）链霉素

1. 作用与用途

链霉素抗菌谱比青霉素广，主要用于敏感菌所致的急性感染，例如大肠杆菌、巴氏杆菌、布氏杆菌、沙门氏菌等引起的肠炎、乳腺炎、子宫炎、肺炎、败血症等。

2. 用法与用量

注射用硫酸链霉素：每次每千克体重 10~15 毫克，每天 2 次，连用2~3 天。

（四）庆大霉素

1. 作用与用途

庆大霉素抗菌谱广，抗菌活性较链霉素强。临床主要用于耐药金黄色葡萄球菌、绿脓杆菌、变形杆菌和大肠杆菌、泌尿道感染、乳腺炎、子宫内膜炎和败血症等，内服还可用于治疗肠炎和细菌性腹泻。

2. 用法与用量

硫酸庆大霉素注射液：肌肉注射，每千克体重每次 2~4 毫克，每天2 次。

（五）土霉素

1. 作用与用途

土霉素广谱抗生素。主要用于治疗敏感菌（包括对青霉素、链霉素耐药菌株）所致的各种感染，如布氏杆菌病等。此外，对防治羊的支原体病、放线菌病、球虫病、钩端螺旋体病等也有一定疗效。作为饲料添加剂，对畜禽有促进生长的作用。

2. 用法与用量

土霉素片：内服，每次每千克体重10~25 毫克，每天2~3 次；成年反刍动物不宜内服。土霉素注射液，每次每千克体重 10～20 毫克，其他：参见土霉素片；注射用盐酸土霉素：静脉或肌肉注射，每次每千克体重 5～10 毫克，每天 2 次。静脉注射配成 0.5% 浓度，用 5% 葡萄糖注射液或氯化钠注射液溶解；肌肉注射，配成 5% 浓度，最好用专用溶液每 100 毫升中含氯化镁 5 克、盐酸普鲁卡因 2 克溶解。

长效土霉素注射液：每次每千克体重 10～20 毫克。

长效盐酸土霉素注射液：每次每千克体重 10～20 毫克。

（六）盐酸多西霉素

1. 作用与用途

盐酸多西霉素临床上用于治疗畜禽的支原体病、大肠杆菌病、沙门氏菌病、巴氏杆菌病等。

2. 用法与用量

盐酸多西霉素片剂：每片 0.05 克或 0.1 克，内服：一次量，羔羊每千克体重 3～5 毫克；粉针：每瓶 0.1 克或 0.2 克，静脉注射。羊：一次量，每千克体重 1～3 毫克，每日 1 次。

（七）四环素

1. 作用与用途

四环素广谱抗生素，作用与土霉素相似。

2. 用法与用量

四环素片剂或胶囊：内服，每千克体重 10～20 毫克，每日 2～3 次；注射用盐酸四环素：静脉注射，一次剂量，每千克体重 5～10 毫克，每天 2 次，连用 2～3 日。

（八）盐酸多西霉素

1. 作用与用途

盐酸多西霉素抗菌谱与其他四环素类相似，体内、外抗菌活性较土霉素、四环素强。本品对土霉素、四环素等有密切的交叉耐药性。临床上用于治疗羊的支原体病、大肠杆菌病、沙门氏菌病、巴氏杆菌病等。

2. 用法与用量

盐酸多西霉素片剂：每片0.05克或0.1克，内服，羔羊每次每千克体重3~5毫克；粉针：每瓶0.1克或0.2克，静脉注射，羊：每次每千克体重1~3毫克，每日1次。

（九）红霉素

1. 作用与用途

红霉素其抗菌谱和青霉素相似。临床上主要用于耐青霉素金黄色葡萄球菌及化脓性链球菌、肺炎球菌、肠球菌等所引起的肺炎、子宫炎、乳腺炎等的治疗，亦可用于支原体病和传染性鼻炎。可与链霉素等合用，具有协同作用。

2. 用法与用量

红霉素片剂：羔羊，每天每千克体重6.6~8.8毫克，分3~4次内服。

（十）泰乐菌素

1. 作用与用途

泰乐菌素主要用于防治羊的支原体感染、羊胸膜肺炎。此外，亦可作为畜禽的饲料添加剂，以促进增重和提高饲料转化率。

2. 用法与用量

泰乐菌素参照红霉素。

（十一）氟苯尼考

1. 作用与用途

氟苯尼考对大肠杆菌、痢疾杆菌、沙门氏菌、巴氏杆菌、猪胸膜肺炎放线菌、葡萄球菌等敏感。临床上主要用于呼吸道、消化道炎症的治疗。

2. 用法与用量

氟苯尼考注射液：肌肉注射，每千克体重 10～20 毫克，静脉注射每千克体重 10 毫克，分两次注射，间隔 48 小时。

（十二）诺氟沙星（氟哌酸）

1. 作用与用途

诺氟沙星（氟哌酸）主要用于敏感菌引起的消化系统、呼吸系统、泌尿道感染和支原体病等的治疗，如肾盂肾炎、肠炎、菌痢等。

2. 用法与用量

粉剂：以氟哌酸为例，内服，羔羊，每千克体重 10～15 毫克。针剂：2%，10 毫升/支，肌肉注射，10～15 毫升/次，每日 2 次。

注意事项：反刍羊禁止内服。

（十三）环丙沙星

1. 作用与用途

环丙沙星临床应用于全身各系统的感染，对消化道、呼吸道、泌尿生殖道、皮肤软组织感染及支原体感染等均有良好效果。

2. 用法与用量

以羔羊为例，乳酸环丙沙星可溶性粉：环丙沙星，混饮，每千克水 30 毫克，连用 3～5 天为一疗程。乳酸环丙沙星注射液：肌肉注射，一次剂量，每千克体重 2.5～5 毫克；静脉注射，一次剂量，每千克体重 2 毫克，每日 2 次。

（十四）磺胺嘧啶（SD）

1. 作用与用途

磺胺嘧啶是治疗脑部感染的首选药物，对肺炎、上呼吸道感染具有良好作用，也用于防治混合感染。

2. 用法与用量

磺胺嘧啶片：内服首次用量，每千克体重0.14～0.2克，维持量减半，每日2次；磺胺嘧啶钠注射液：静脉注射或深部肌肉注射，每千克体重50～100毫克，每日2次，连用2～3日；复方磺胺嘧啶钠注射液：磺胺嘧啶，肌肉注射，一次剂量，每千克体重20～30毫克，每日1～2次，连用2～3日。

（十五）磺胺间甲氧嘧啶（4-磺胺-6-甲氧嘧啶、制菌磺SMM）

1. 作用与用途

磺胺间甲氧嘧啶属中效磺胺，抗菌作用强，较少引起泌尿道损害；内服吸收良好，血药浓度较高。

2. 用法与用量

磺胺间甲氧嘧啶片剂（或粉）：每片0.5克，羊：初次量，每千克体重0.2克，维持量，每次每千克体重0.1克，每日2次。注射液，一次剂量，每千克体重50毫克，每日2次，连用3～5日。

（十六）磺胺对甲氧嘧啶（SMD）

1. 作用与用途

磺胺对甲氧嘧啶片主要用于泌尿道感染及呼吸道、皮肤和软组织等感染。

2. 用法与用量

磺胺对甲氧嘧啶片（粉）：羊：初次量，每千克体重50～100毫克，维持量，每次每千克体重25～50毫克，每日2次。

复方磺胺对甲氧嘧啶钠注射液：每支10毫升，内含本品1克、TMP 0.2克；每支5毫升，内含本品0.5克、TMP 0.1克。以磺胺对甲氧嘧啶钠计，肌肉注射，羊每次每千克体重15～20毫克，每日2次。

（十七）磺胺间二甲氧嘧啶（4-磺胺-2-二甲氧嘧啶 SDM）

1. 作用与用途

磺胺间二甲氧嘧啶抗菌作用及临床疗效与 SD 相似。内服后吸收快，排泄慢，属长效磺胺。不易引起泌尿道损害，对某些原虫，如球虫、弓形虫、卡氏住白细胞原虫等有明显抑制作用。

2. 用法与用量

磺胺间二甲氧嘧啶片（粉）剂：内服，每千克体重 0.1 克，每天 1 次。

（十八）磺胺邻二甲氧嘧啶（4-磺胺-5，6-二甲氧嘧啶、SDM）

1. 作用与用途

磺胺邻二甲氧嘧啶抗菌谱同 SD，但是效力稍弱，属长效磺胺。

2. 用法与用量

磺胺邻二甲氧嘧啶片（粉）剂：内服，羊：每次每千克体重 0.1 克，每日 1 次。

（十九）丙硫咪唑

1. 作用与用途

丙硫咪唑对羊常见的肠道线虫、肺线虫、绦虫和肝片吸虫均有显著驱杀作用；在一般剂量时，对成虫的效果优于幼虫。

2. 用法与用量

丙硫咪唑粉：内服，每次每千克体重 5 ~ 15 毫克。本品适口性差，若混饲给药，应少添多次喂服。

（二十）盐酸左旋咪唑（左咪唑）

1. 作用与用途

盐酸左旋咪唑主要用于各种动物的蛔虫病、绦虫病和肺线虫病等。左旋咪唑还能增强机体的免疫力，是一种非特异性免疫增强剂。

2. 用法与用量

盐酸左旋咪唑片（粉）剂：内服，每次每千克体重7.5毫克。饲喂前给药（一般指饲喂前30分钟）。盐酸左咪唑注射液：肌肉或皮下注射，每次每千克体重7.5毫克。

（二十一）丙硫苯咪唑

1. 作用与用途

丙硫苯咪唑对牛、羊矛形双腔吸虫、片形吸虫、绦虫也有较好疗效，而且具有抑制产卵的作用。

2. 用法与用量

丙硫苯咪唑粉：内服，每次5～20毫克（可直接投服或制成悬浮液灌服），可拌到饲料中给药。

（二十二）甲苯咪唑（甲苯唑）

1. 作用与用途

甲苯咪唑驱虫药。不仅对多种胃肠道线虫有效，对某些绦虫亦有良效，并且是治疗旋毛虫的有效药品之一。

2. 用法与用量

甲苯咪唑粉：用前应磨成极细粉末，可供内服或混到饲料中给药。每次每千克体重10～15毫克；羊绦虫病治疗为每次每千克体重45毫克。

（二十三）精制敌百虫

1. 作用和用途

敌百虫内服时，能杀灭畜禽消化道内大多数线虫，如蛔虫、鞭虫、钩虫、食道口线虫、毛首线虫等，外用对多种外寄生虫和病媒昆虫，如三蝇（马胃蝇、羊鼻蝇、牛皮蝇）及其幼虫和蜱、螨、虱、蚤、蚊、蝇等有很强的杀虫作用。

2. 用法与用量

精制敌百虫片：内服。每次量：绵羊，每千克体重 80 ~100 毫克；山羊，每千克体重 50 ~70 毫克。

（二十四）阿维菌素（灭虫丁、虫克星）

1. 作用与用途

阿维菌素对家畜体内外寄生虫如线虫、蜱、螨、虱等具有高效驱杀作用，一次用药，可同时驱除体内外多种寄生虫。

2. 用法与用量

阿维菌素片剂：每片（粒）2 毫克、5 毫克、10 毫克，口服，每千克体重 0.3 ~0.4 毫克，首次用药后 7 天可重复用药一次。针剂：2 毫升（2 毫克）、5 毫升（50 毫克），皮下注射，每千克体重 0.2 毫克。

（二十五）伊维菌素（害获灭注射液）

1. 作用与用途

伊维菌素主要用于治疗家畜的胃肠道线虫病、牛皮蝇蛆、蚊皮蝇蛆、羊鼻蝇蛆、羊痒螨和猪疥螨病。

2. 用法与用量

伊维菌素针剂：皮下注射，羊每次每 25 千克体重 0.5 毫升（相当于每千克体重 200 微克伊维菌素）。

（二十六）硫双二氯酚（别丁）

1. 作用与用途

硫双二氯酚为驱虫药，主要用于反刍动物的肝片吸虫、前后盘吸虫、猪姜片吸虫、反刍动物绦虫、禽绦虫。对童虫无效。但对绦虫的幼虫效果较差，必须增加剂量才有作用。

2. 用法与用量

硫双二氯酚片：内服，羊每次每千克体重75~100毫克。

（二十七）硝氯酚（拜耳9015）

1. 作用与用途

硝氯酚主要用于治疗牛、羊肝片吸虫病。具有疗效高、毒性小、用量少的特点。

2. 用法与用量

硝氯酚片：内服量（每千克体重）：羊3~4毫克，绵羊8毫克。硝氯酚注射液：肌肉注射量（每千克体重）羊1~2毫克。

（二十八）敌敌畏

1. 作用与用途

敌敌畏为驱虫药和杀虫药。本品作用机理与敌百虫相似，但杀虫力比敌百虫高8~10倍，因而使用剂量小，较为安全。

2. 用法与用量

配成0.2%~0.4%乳剂，进行局部涂擦或喷洒。

二、常用消毒技术

（一）常用消毒药物

用于消毒的药品很多，根据用途不同可分环境消毒、皮肤、黏膜消毒和创伤消毒等三类消毒药物。

1. 环境消毒药

常用的有草木灰、生石灰、漂白粉、火碱、苯酚、百毒杀等。漂白粉一般以其粉末或5%溶液消毒厩舍、地面、畜栏、排泄物。火碱一般用2%～5%的水溶液消毒用具、环境、车、船等。百毒杀及其他消毒剂可根据说明书使用。

2. 皮肤、黏膜消毒药

常用有酒精、碘酊、新洁尔灭等。酒精常用浓度70%～75%来进行皮肤消毒；碘酊常用浓度为2%～5%，新洁尔灭常用浓度为0.01%～0.05%。

3. 创伤消毒药

龙胆紫、过氧化氢、高锰酸钾等可用于创伤的消毒。龙胆紫常与甲紫、结晶紫一起配成1%～3%的水溶液使用，用于烫伤、烧伤、湿疹等的消毒；过氧化氢配成3%的溶液使用，冲洗污染创伤或化脓创伤；常用0.1%～0.5%的高锰酸钾溶液冲洗创伤。

（二）羊舍消毒

空栏消毒程序：粪污清除、高压水枪冲洗、消毒剂喷洒、干燥后熏蒸消毒或火焰消毒、再次喷洒消毒剂、清水冲洗、晾干后转入动物群。用化学消毒液消毒时，消毒液的用量，以羊舍内每平方米面积用1升药液计算。常用的消毒液有10%～20%的石灰乳、10%漂白粉溶液、0.5%～1.0%菌毒敌、0.5%～1.0%二氯异氰尿酸钠和0.5%过氧乙酸等。消毒方法：先喷洒地面，然后喷墙壁，再喷天花板；最后打开门窗通风，用清水刷洗饲槽、用具，将消毒药味除去。如果羊舍有密闭条件时，可用福尔马林熏蒸消毒12～24小时，然后，开窗通风24小时。福尔马林的用量为每立方米空间用25毫升，加入等量水一起加热蒸发，无热源时，也可加入高锰酸钾（每立方米用25克）或生石灰，即可高热蒸发。在一般情况下，羊舍每周消毒1次，每年可进行2次（春秋各1次）大消毒。产房消毒：在产羔前应进行1次，产羔高峰时进行多次，产羔结束后再进行1次。在病羊舍和隔离舍的出入口处应放置浸有消毒液的麻袋片或草垫，消毒液可用2%～4%氢氧化钠（对病毒性疾病消毒），或用10%克辽林溶液（其他疾病消毒）。

（三）羊场地面、土壤消毒

土壤表面可用10%漂白粉溶液、4%福尔马林或10%氢氧化钠溶液。停放过芽孢杆菌所致传染病（如炭疽）病羊尸体的场所，应严格消毒，首先，用上述漂白粉澄清液喷洒地面，然后，将表层土壤掘起30厘米，撒上干漂白粉，并与土混合，将此表土妥善运出掩埋。其他传染病所污染的地面土壤，则可先将地面翻一下，深度约30厘米，在翻地的同时撒上干漂白粉（用量为每平方米面积0.5千克），然后以水润湿、压平。如果放牧地区被某种病原体污染，一般利用自然因素（如阳光）来消毒病原体；如果污染的面积不大，则应使用化学消毒。

（四）粪便和污水消毒

羊粪便消毒方法：主要采用生物热消毒法，即在距羊场100～200米以外的地方设一堆粪场，将羊粪堆积起来，上面覆盖10厘米厚的泥土密封，堆放发酵30天左右，即可用作肥料。

对于羊场产生的污水，应设有专门的污水处理池，加入化学消毒剂杀灭其中的病原体。消毒剂用量视污水量而定，一般1升污水用2～5克漂白粉。

三、常见传染病预防与控制

（一）肉羊常见传染病防治

1. 口蹄疫

口蹄疫是由口蹄疫病毒引起的偶蹄兽的一种急性、热性、高度接触性传染病，是危害最严重的动物传染病之一。

（1）临床症状和诊断　绵羊蹄部症状明显，口腔症状较轻；山羊多见口膜炎，蹄部症状较轻；羔羊有时呈出血性胃肠炎，常因心肌炎而死亡。根据临床症状很容易诊断。

（2）防治　使用O型口蹄疫灭活疫苗免疫接种。规模肉羊场羔羊28～35日龄时进行初免，初免后，间隔1个月再进行一次强化免疫，以后每隔4～6个月免疫一次；散养肉羊春、秋两季分别进行一次集中免疫，定期补免。有条件的地方，可参照规模养殖家畜和种畜的免疫程序进行免疫。

一般不需治疗即可自愈，但是，根据国家规定发生口蹄疫疫情时，必须对疫区进行封锁、隔离，扑杀病畜和同群畜，并将其焚烧深埋，焚烧被污染物，并对受污染场所和用具彻底消毒。

2. 炭疽

炭疽是由炭疽杆菌引起的人畜共患病。临床上表现为急性、热性、败血性传染病。羊常表现为最急性。表现为天然孔出血，血液凝固不良。

炭疽杆菌在畜体内不会形成芽孢，一旦体内炭疽杆菌暴露于空气中，就会形成芽孢，芽孢很难杀死，因此，一般情况下，怀疑炭疽病羊严禁屠宰和食用，屠宰者和食用者常常会急性死亡。

（1）临床症状　发病时羊常常大批死亡，发病后，病羊常掉群、喜卧、不吃草、行走摇摆，眼结膜和嘴唇呈暗紫色，浑身战栗，心跳加快，呼吸困难，突然倒地，头向后背，咬牙，瞳孔散大，病程很短，30～60分钟，死亡率100%。死后外观尸体迅速腐败而极度膨胀，天然孔流血，血液呈酱油色煤焦油样，凝固不良，可视黏膜发绀或有点状出血，尸僵不全。

（2）诊断　依据临床症状可做出初步诊断。

（3）预防　该病5～9月发病率最高。可在春秋季进行一次炭疽预防注射，对发生过炭疽病的地区，每年注射疫苗一次，每只羊颈部皮下注射炭疽芽孢苗0.5毫升，可免疫一年。

3. 布鲁氏菌病

本病是一种慢性传染病，主要侵害生殖系统，造成流产。羊感染后，以母羊发生流产和公羊发生睾丸炎为特征。母羊较公羊易感，性成熟后对本病极为易感。本病分布很广，不仅感染各种家畜，而且易传染给人，俗称“懒汉病”。

（1）临床症状　怀孕母羊发生流产是本病的主要症状。在流产前，患羊体温升高，卧地，食欲下降，喜喝水，阴户发红，流出黄红色的液体，1~2 天后，流产，流产的母羊常发生乳房炎、关节炎和水肿，表现跛行。公羊表现睾丸肿大。有的母羊第一胎流产后，不再表现临床症状，而且不再流产，但仍具有传染性，可感染人。

（2）诊断　流行病学资料、流产胎衣的病理损害、胎衣滞留以及不育等都有助于布鲁氏菌病的诊断，但确诊需要通过实验室诊断。

（3）预防　布鲁氏菌病的防治原则是“检、免、杀、管”。“检”就是检疫，每年两次对羊群用平板凝集试验进行检疫，对检出的阳性者，采血样送实验室通过试管凝集试验进行确诊；“免”就是免疫，用羊种布鲁氏菌弱毒菌苗接种，可获得坚强的免疫力；“杀”就是对检疫中发现并确诊的阳性羊立即扑杀，并按国家相关规定进行无害化处理；“管”就是加强管理，加强对羊群流动和防疫管理。本病有很大的隐蔽性，但可造成生产性能严重下降。病畜没有治疗的价值，必须进行扑杀，否则后患无穷。

4. 羊痘

痘病是由痘病毒引起的急性发热性传染病，其特征是皮肤和黏膜上发生特殊的丘疹和疱疹（痘疹）。侵害绵羊的叫绵羊痘，侵害山羊的为山羊痘。

（1）临床症状　典型羊痘，体温升高到达41~42℃，精神沉郁，呼吸加快，眼肿，结膜潮红流泪，流黏液脓性鼻汁。经过 1~4 天绵羊先由嘴唇开始，而后鼻、脸、四肢内侧、乳房、阴户、包皮等毛短和无毛处呈现红斑，次日于红斑中央出现丘疹形成水疱，再经 3 天水疱化脓形成脓疱，再经1周左右即结干痂慢慢脱落。山羊痘潜伏期6~8天，病初鼻孔闭塞、呼吸促迫，有的山羊流浆液或黏液性鼻涕，眼睑肿胀、结膜充血、有浆液性分泌物，鼻孔周围、面部、耳部、背部、胸腹部、四肢无毛区、有2分至1元钱硬币大小的块状疹，疹块破溃后，有淡黄色液体流出，时间长了结痂。全过程约4周左右。山羊痘并发时呼吸道、消化道和关节炎症，严重时可引起脓毒败血症死亡。该病对成年羊危害较轻。死亡率为1%~2%。但羔羊的死亡率很高。

（2）诊断　典型病例可根据临床症状、病理变化和流行情况做出诊断。非典型病例可结合羊群为不同个体发病情况做出诊断。临床上应与羊传染性脓疱、羊螨病等类似疾病进行区别。

（3）治疗　羊痘属病毒性疾病，用青霉素、链霉素等抗生素无效，可接种疫苗预防。

对症治疗：10% NaCl液40~60毫升或$NaHCO_3$液250毫升，静脉滴注。局部用1%高锰酸钾液洗涤患部，再涂擦碘甘油。支持疗法：10%葡萄糖液500毫升、5%葡萄糖酸钙40毫升、青霉素380万、链霉素2克，一次性静脉滴注。

预防　①平时注意环境卫生，加强饲养管理；②检疫：特别是引进种羊，隔离4周，检疫不带混群；③疫区内用疫苗预防接种，羊痘鸡胚化弱毒苗，0.5毫升/只，尾根部皮下注射，免疫期1年；④发病羊立即进行隔离治疗和消毒，病死羊尸体立即深埋，防止病源扩散。

5. 羊传染性脓疱病

羊传染性脓疱病俗称羊口疮，是由病毒引起的一种传染病，其特征为口唇等处皮肤和黏膜形成丘疹、脓疱、溃疡和结成疣状厚痂。

（1）临床症状　该病在临床上可分为唇型、蹄型和外阴型，但以唇型感染为主要症状。病羊先于口角上唇或鼻镜处出现小红斑，以后逐渐变为丘疹和小结节，继而成为水疱、脓疱、脓肿互相融合，波及整个口唇周围，形成大面积的痂垢，痂垢不断增厚，整个嘴唇肿大，外翻，呈桑椹状隆起，严重影响采食。病羊表现为流涎、精神不振、被毛粗乱、消瘦。蹄型病羊多见一肢患病，但也可能同时或相继侵害多数或全部蹄端。通常于蹄叉、蹄冠或系部皮肤上形成水疱、脓疱，破裂后则成为由脓液覆盖的溃疡。如继发感染则发生化脓、坏死，常波及基部、蹄骨，甚至肌腱或关节。病羊跛行，长期卧地，病情缠绵。外阴型病例较为少见。病羊表现为黏性或脓性阴道分泌物，在肿胀的阴唇及附近皮肤上发生溃疡；乳房和乳头皮肤上发生脓疱、烂斑和痂垢；公羊则表现为阴囊肿胀，出现脓疱和溃疡。

(2) 诊断　根据流行病学、临床症状进行综合诊断。流行特点是主要在春夏季散发，羔羊易感。临床症状主要是在口唇、阴部和皮肤、黏膜形成丘疹、脓疱、溃疡和疣状厚痂。确诊需进行实验室诊断。

(3) 治疗　采用综合防治措施治疗，可明显缩短病程，效果显著。

首先对感染病羊隔离饲养，圈舍进行彻底消毒。给予病羊柔软的饲料、饲草，如麸皮粉、青草、软干草，保证清洁饮水。

剥离痂垢时，一定要剥净，然后用淡盐水或0.1%～0.2%高锰酸钾水溶液清洗疮面，再用2%龙胆紫（紫药水）、碘甘油（碘酊、甘油1∶1）或土霉素软膏涂擦疮面，每天1～2次，至痊愈。蹄型病羊则将蹄部置于3%～10%福尔马林溶液中浸泡1分钟，连续浸泡3次；也可隔日用3%龙胆紫溶液、1%苦味酸溶液或土霉素软膏涂擦患部。

(4) 预防　保护羊只皮肤、黏膜勿受损伤，做好环境的消毒工作。采用疫苗预防，未发病地区，采用羊口疮弱毒细胞冻干苗，每头0.2毫升，口唇黏膜注射，发病地区，紧急接种，仅限内侧划痕，也可采用把患羊口唇部痂皮取下，剪碎，研制成粉末状，然后用5%甘油灭菌生理盐水稀释成1%浓度，涂于内侧，皮肤划痕或刺种于耳，预防本病，效果也不错。

6. 大肠杆菌病

大肠杆菌病是由病原性大肠杆菌引起的人和动物的肠道传染病。以腹泻和败血症为主要特征。随着规模化养殖业的发展，该病对畜牧业造成的损失非常巨大。在食品卫生方面，大肠杆菌是一个非常重要的指标。

（1）流行特点 羔羊最易感。出生后1～6周多发，有些地方3～8月龄的羊也有发生。病羊和带菌者是本病的主要传染源，其通过粪便排出病菌，散布于外界，污染水源、饲料，以及母畜乳头和皮肤。当羔羊吮乳、舐舔或饮食时，经消化道而感染。本病一年四季均可发生，但多发于冬春舍饲时期。仔畜未吸吮初乳，饥饿或过饱，饲料不良、配比不当或突然改变，气候剧变均易于诱发本病。规模羊场由于饲养密度过大，通风换气不良，饲管用具及环境消毒不彻底是加速本病流行的不容忽视的因素。

（2）临床症状 潜伏期数小时至12天。分为败血型和肠型两种。

①败血型：主要发生于2～6周龄的羔羊，病初体温升高达41.5～42℃。病羔精神萎顿，四肢僵硬，运步失调，头常弯向一侧，视力障碍，继之卧地，头后仰，一肢或数肢作划水动作。病羔口吐泡沫，鼻流黏液。有些关节肿胀、疼痛。最后昏迷。多于发病后2～4小时死亡。剖检病变可见胸、腹腔和心包大量积液，内有纤维素；某些关节，尤其是肘和腕关节肿大，滑液混浊，内含纤维素性脓性絮片。

②肠型：主要发于7日龄以内的幼羔。病初体温升高到40.5～41℃，不久即下痢，粪便先呈半液状，由黄色变为灰色，混有气泡、血液或黏液。病羊腹痛、精神不振、虚弱、卧地，如不及时救治，经24～36小时死亡，病死率15%～75%。剖检尸体严重脱水，真胃、小肠和大肠内容物呈黄灰色半液状，黏膜充血，肠系淋巴结肿胀发红。

（3）诊断 根据流行病学、临床症状和病理变化可做出初步诊断，确诊需要进行实验室检查。

(4) 防治　可使用氯霉素、土霉素、磺胺甲基嘧啶、磺胺胀、呋喃唑酮，并辅以对症治疗；也可以使用活菌微生态制剂进行治疗。

本病重在预防。加强产前产后的饲养管理，及时给羔羊吃上初乳，饲料配比适当，勿使其饥饿或过饱，断乳饲料不要突然改变。

7. 蓝舌病

蓝舌病是由蓝舌病病毒引起的反刍动物的一种传染病，主要发生于绵羊，因病畜舌呈蓝紫色而得名。以昆虫为传染媒介，其特征为发热、消瘦，口、鼻和胃黏膜的溃疡性炎症病变。可导致羔羊发育不良、胎儿死亡、畸形、羊毛损失，造成的经济损失很大。

(1) 流行特点　绵羊易感，不分品种、年龄和性别，以 1 岁左右的绵羊最易感，山羊的易感性较低。疾病发生有明显的季节性，主要由库蠓传播，多发生于温热的夏季和早秋，特别多见于池塘河流多的低洼地区。

(2) 临床症状　潜伏期 3 ~ 8 天。病初体温升高到 40.5 ~ 41.5℃，稽留 5 ~6 天。表现厌食、精神萎顿、流涎，口唇、龈、颊、舌黏膜糜烂，致使吞咽困难；随着病的发展，在溃疡损伤部位渗出血液，唾液呈红色，口腔发臭。鼻流炎性、黏性分泌物，鼻孔周围结痂，引起呼吸困难和鼾声。有时蹄冠、蹄叶发生炎症，触之敏感，呈不同程度跛行。甚至膝行或卧地不动。病羊消瘦、衰弱，有的便秘或腹泻，有时下痢带血。病程一般为 6 ~ 14 天，发病率 30% ~40%，病死率 2% ~3%，有时可高达 90%，患病不死的经 10 ~15 天症状消失，6 ~8 周后蹄部也恢复。山羊症状与绵羊相似，但一般比较轻微。

(3) 诊断　根据典型症状和剖检变化可以作出临床诊断。如发热、口唇肿胀和糜烂，跛行，行动强直以及流行具有明显季节等。要注意与口蹄疫等病鉴别诊断。

(4) 防治　发现病羊和阳性羊，应立即扑杀，血清学阳性畜要定期复检，限制流动，就地饲养使用，不得留作种用。夏季宜选择高地放牧，以减少感染机会。夜间不在野外低温过夜。定期进行药浴、驱虫，控制和消灭库蠓，作好低洼草地的排水工作。疫区可分离当地毒株制作疫苗，免疫接种。

8. 羊快疫

羊快疫是由腐败梭菌引起的一种急性传染病。发病突然，病程极短，死亡迅速。

（1）流行特点　绵羊最易感，山羊较少发病。以6~18月龄，营养膘度多在中等以上的绵羊发病较多。腐败梭菌广泛分布于低洼草地、熟耕地和沼泽地带，因此，本病常呈地方流行，多发于秋、冬和早春气候变化大的时期，羊受寒感冒或采食冰冻带霜的草料及体内寄生虫危害时，能促使本病发生。

（2）临床症状　突然发病，短期死亡。由于病程常取闪电型经过，故称为“快疫”。死亡慢的病例，间有表现衰竭、磨牙、呼吸困难和昏迷；有的出现疝痛、臌气；有的表现食欲废绝，口流带血色的泡沫。排粪困难，粪团变大，色黑而软，杂有黏液或脱落的黏膜；也有的排黑色稀便，间或带血丝；或排蛋清样恶臭稀粪。病羊头、喉及舌肿大，体温一般不高，通常数分钟至数小时死亡，延至1天以上的很少见。尸体迅速腐败、膨胀。天然孔流出血样液体。

（3）诊断　根据病史、迅速死亡及死后剖检，可以作出初步诊断。确诊需要实验室染色镜检。

（4）防治　疫区每年注射绵羊快疫菌苗或羊三联苗。预防本病重在加强饲养管理，选择干燥地区放牧，避免采食霜冻的牧草，避免应激反应。发生疫情时，病尸应立即销毁，做好隔离、封锁、消毒工作。对发病慢的可试用抗生素或磺胺类药物。疫情紧急时，全群可普遍投服2%硫酸铜（每只100毫升）或10%生石灰水溶液（每只100~150毫升），可在短期内显著降低发病率。

9. 羊猝疽

羊猝疽是由C型魏氏梭菌引起羊的一种急性毒血症。其特征为急性死亡，腹膜炎和溃疡性肠炎。1~2岁的绵羊发病较多。常见于低洼、沼泽地区。多发生于冬、春季节，常呈地方性流行。本病还常与羊快疫混合发生。

（1）临床症状　本病潜伏期很短，通常未见到症状即突然死亡。有时发现病羊离群掉队、卧地、不安、衰弱和痉挛，在数小时内死亡。

（2）诊断　根据成年绵羊突然发病死亡，剖检见糜烂性和溃疡性肠炎、腹膜炎、体腔和心包积液，即可初步诊断。

（3）防治　参照羊快疫和羊肠毒血症的防治措施。

10. 羊肠毒血症

羊肠毒血症又名软肾病或过食症，是由D型魏氏梭菌引起的一种主要危害绵羊的急性传染病。特征为腹泻、惊厥、麻痹和突然死亡。剖检肾脏软化如泥。

（1）流行特点　绵羊和山羊均可感染，但绵羊更为敏感。以4～12周龄哺乳羔羊多发，2岁以上的绵羊很少发病。本病呈地方流行或散发，具有明显的季节性和条件性，多在春末或秋末冬初发生。羊只过量采食，育肥羊和奶羊过量摄入蛋白精料，多雨、气候骤变、地势低洼等，都易于诱发本病。

（2）临床症状　本病的特点为突然发病，很少见到症状，往往在看到症状后绵羊便很快死亡，多呈急性经过。病程稍缓的病羊表现为突然不食，离群呆立，精神沉郁，腹胀、腹痛不安，嚼食泥土或其他异物。病初粪球干小，继而发生肠鸣腹泻，排出黄褐色或暗绿色水样粪便，有时混有血丝或肠伪膜。在倒毙前或独自奔跑或卧地不起，四肢出现强烈的划动，眨眼、磨牙、肌肉颤抖，头颈向后弯曲，四肢抽搐，口吐白沫，心跳加快，四肢及耳尖、嘴头发凉，常于昏迷中死亡。病羊一般体温不高。流行后期或成年羊病程较长，表现为沉郁或昏睡，有时兴奋，可视黏膜苍白或黄染，病羊腹泻，不时发生肌肉颤抖和四肢痉挛，一般经1～3天死亡。

病死羊只的肾脏表面充血，实质松软，呈不定型的软泥状，稍加触压即碎烂。

（3）诊断　根据流行特点及病理剖检有“血灌肠”、“软肾”、体腔积液等特征性病变即可做出初步诊断。本病须与羊快疫、羊猝疽、羊链球菌病、羊炭疽加以鉴别：羊快疫于早春、秋冬季节多发于6～18个月龄的绵羊，膘情较好者多发。体温一般正常，剖检血凝不良。肝被膜触片革兰氏染色见有无关节长丝状的阳性腐败梭菌；羊猝疽多于冬、春季节发生，1～2岁的绵羊、山羊也可感染。多于低洼、沼泽地区呈地方性流行。以急性死亡、腹膜炎和溃疡性肠炎为特征，有糜烂性肠炎；羊链球菌病多在冬、春季节多发于任何年龄的绵羊，山羊少见。营养不良者多发。病羊体温升高至41℃以上。呼吸异常困难，有黏性、脓性鼻炎、咳嗽。剖检见咽喉肿大，肺有炎症，脾脏肿大、胆囊肿大。

（4）防治　在常发地区每年流行季节前用羊三联菌苗（羊快疫、羊猝疽、肠毒血症）、羊梭菌病四联氢氧化铝菌苗（羊快疫、猝疽、肠毒血症、羔羊痢疾）、羊厌氧菌氢氧化铝甲醛五联苗（羊快疫、猝疽、羔羊痢疾、肠毒血症、黑疫）进行预防接种。放牧时避免羊只过食嫩草，加强运动量，常喂食盐，少喂精料。

发现病羊及时隔离。羊的尸体和排泄物要妥善处理。对病程缓慢的病羊，可使用青霉素肌肉注射，每次每羊80～160万单位，每日2次；内服磺胺脒8～12克，第一天，1次灌服，第二天，分2次灌服；也可灌服10%石灰水，大羊200毫升，小羊50～80毫升，连服1～2次。同时，应结合强心、补灌、镇静等对症疗法。

11. 羊黑疫

羊黑疫又称传染性坏死性肝炎，是由B型诺维氏梭菌引起绵羊和山羊的一种高度致死性毒血症。其特征为尸体皮肤发紫和肝实质的坏死病灶。

（1）流行特点　本病能使1岁以上的绵羊感染，以2～4岁的肥胖绵羊发生最多。山羊也可感染。在低洼潮湿的沼泽草地放牧的羊只发病较多。常呈散发。

（2）临床症状　病程急促，绝大多数未见病症即突然死亡。个别病例病程稍长也只拖延1~2天，绝不超过3天。病羊食欲废绝，反刍停止，掉群。呼吸困难，流涎，心跳加快，眼结膜充血，有的腹痛，体温在41.5℃左右，呈昏睡俯卧，突然死亡。

病尸皮下静脉血管显著充血，外观皮肤呈紫黑色，故称“黑疫”。

（3）诊断　根据本病的流行特点，在肝片吸虫流行的地区发现急死或昏睡状态下死亡的病羊，特别是死尸的皮肤发紫，剖检见特征性肝坏死性病变即可确诊。本病应与羊快疫、肠毒血症、炭疽进行鉴别诊断。

（4）防治　加强饲养管理，做好肝片吸虫驱治工作，避免在沼泽地区放牧。每年于秋末冬初、冬末春初进行寄生虫驱治，可选用蛭得净（溴酚磷），每千克体重16毫克，一次内服；丙硫苯咪唑每千克体重15~20毫克，一次内服；三氯苯唑每千克体重8~12毫克，一次内服。定期预防接种羊黑疫菌苗、黑疫快疫混合苗或羊厌氧菌病五联苗，还可用抗诺维氏梭菌血清进行早期预防，皮下或肌肉注射10~15毫升，必要时可重复1次。

对病程稍缓的病羊，可肌肉注射青霉素（用法同羊快疫），也可静脉或肌肉注射抗诺维氏梭菌血清10~80毫升，连用1~2次。

12. 羔羊痢疾

本病是由B型魏氏梭菌引发的初生羔羊的一种急性毒血症，是以剧烈腹泻和小肠发生溃疡为特征的急性传染病，可使羔羊大批死亡。

（1）流行特点　本病主要危害出生7日龄内的羔羊，尤以2~3日龄的发病最多。发病率和病死率都较高。主要经消化道感染，也可经脐带或创伤感染。当母羊在孕期营养不良，羔羊体质瘦弱，特别是风雪过后，羔羊受冻，加之哺乳不当，饥饱不均时，很容易诱发本病。

（2）临床症状　潜伏期为1~2天，病初羔羊精神萎顿，垂头拱背，不吃奶，腹胀腹痛，随即发生持续性腹泻，粪便恶臭，开始似面糊，渐呈水泻，呈灰白、黄白、黄绿色，后期成为血便，肛门失禁，严重脱水。病羔逐渐虚弱，卧地不起，眼部下陷，被毛粗乱，多在1~2天死亡。有的病羔呈急性昏迷状态，多数只腹胀而不下痢，或只排少量稀便（可能带血或呈血便）。主要表现神经症状，四肢瘫痪，卧地不起，呼吸急迫，口流白沫，体温常降至常温以下，最后神志昏迷，角弓反张而死，病程常为数小时至十几小时。尸体脱水严重，尾部被稀粪沾污。

（3）诊断　在常发地区，根据流行病学、临床症状和病理变化即可作出初步诊断。确诊需进行实验室检查，以鉴定病原菌及其毒素。本病应注意与沙门氏杆菌、大肠杆菌病的鉴别诊断。沙门氏菌引起的羔羊疾病在剖检时见有卡他性或出血性肠炎，由心血、肝脏、脾脏和脑中均可分离到此菌；大肠杆菌引发的羔羊疾病，在肠内容物中没有魏氏梭菌毒素，须作细菌学检查，在病羔临死或刚死时采新鲜病料，可分离出纯培养菌株，其具有一定的诊断意义。

（4）防治　加强饲养管理，对孕羊做到抓膘保膘增强体质，做好接羔保育工作，羔棚要干燥、保暖，防止受凉，加强消毒。使羔羊及早吃到初乳，并要合理哺乳，防止饥饱不均。每年秋季预防接种羊厌氧菌病五联苗，必要时于产前2~3周再接种一次。在常发疫点采取药物预防，羔羊出生后12小时内灌服土霉素0.12~0.15克，每日1次，连服3天。或肌肉注射30万单位油剂青霉素，每天1次，连用2~3天。一旦发病应及时隔离病羊，对未发病羊要及时转圈饲养，做好圈舍及用具的消毒工作。

对病羊可先灌服6%硫酸镁（内含0.5%福尔马林）20~30毫升，6~8小时后，再灌服0.1%高锰酸钾溶液10~20毫升，每日2次，连用2天。或土霉素0.125克加乳酶生1~2片，口服，每日2~3次；青霉素、链霉素各20万单位肌肉注射；土霉素0.2~0.3克，每日2次灌服；磺胺脒0.5克、鞣酸蛋白0.2克、次硝酸铋0.2克、重碳酸钠0.2克，一次口服，每日3次；磺胺脒0.5克、大蒜酊3毫升，混合一次灌服，每日2~3次。在使用上述药物时，要配合对症治疗措施，如强心、补液、镇静。

13. 羔羊支原体病

支原体病是由支原体引起绵羊羔、山羊羔发生的一种急性败血性传染病。本病在羔羊群中发病急、病程短、病死率高。

（1）流行特点　本病原主要感染30日龄以内的羔羊，1日龄时即可发病，较大的羊和成年羊呈隐性感染。本病主要发生于产羔季节，特别是产春羔季节（2～3月份）。

（2）临床症状　病羔精神萎顿，吮乳减少甚至废绝，后肢软弱或者不能站立，少数病羔腕关节明显肿大，体温一般正常，少数可升高至41℃，发病后2～3天因极度衰竭而死亡，部分病羔死前有头颈伸直、后仰、呻吟等症状，死亡率可达67.7%。

（3）诊断　根据流行特点，临床症状和病理变化可作出初步诊断，进行病原分离鉴定后才可确诊。

（4）防治　目前，尚没有菌苗可供免疫接种。主要预防措施是不从疫区引种，以免传入本病。本病发生后，应加强饲养管理，隔离病羊，进行严格的环境消毒，只要有一只羔羊发病，就应立即给怀孕后期的母羊和全部羔羊内服或肌肉注射土霉素，剂量为每千克体重30～40毫克，每天肌肉注射1次，连续注射3～5天，或按每千克体重40～50毫克口服，每天2次，连服3天。羔羊可补充复合维生素，对本病有预防作用。

14. 羊传染性胸膜肺炎

羊传染性胸膜肺炎又称羊支原体性肺炎，俗称“烂肺病”，是由支原体引起山羊、绵羊的一种高度接触性传染病。临床特征为发热、咳嗽、浆液性和纤维蛋白性肺炎以及胸膜炎。多呈急性和慢性经过，发病后死亡率较高。

（1）流行特点　传染源主要为病羊，病肺组织以及胸腔渗出液中含有大量病原体，主要经呼吸道分泌物排菌。耐过羊在相当长的时期内也可成为传染源。本病常呈地方性流行，主要通过空气、飞沫经呼吸道传染，接触传染性强。阴雨连绵，寒冷潮湿，营养缺乏，羊群密集、拥挤等不良因素易诱发本病。多在山区和草原发生，近年来，舍饲羊群也有发生，在冬季和早春枯草季节，山羊缺乏营养、极易感冒，加之机体抵抗力降低，较易发病。羊痘、羊狂蝇侵袭等可诱发该病，且发病率和死亡率较高。

（2）临床症状　潜伏期，短者5~6天，长者3~4周，平均18~20天。根据病程和临诊症状，可分为最急性、急性和慢性3型。

①最急性型：病初体温升高，可达41~42℃，精神极度萎顿，食欲废绝，呼吸急促而有痛苦的鸣叫。数小时后出现肺炎症状，呼吸困难，咳嗽，并流浆液带血鼻液，肺部叩诊呈浊音或实音，听诊肺泡呼吸音减弱、消失或呈捻发音。36小时内，渗出液充满病肺并进入胸腔，病羊卧地不起，呼吸极度困难，黏膜发绀，呻吟哀鸣，最后窒息死亡。病程2~5天，有的仅12~24小时。

②急性型：最常见。病初体温增高，食欲减退，呆立一隅，不愿走动，继之出现短而湿的咳嗽，伴有浆液性鼻漏。4~5天后，咳嗽变干而痛苦，鼻液转为黏液（脓性）并呈铁锈色，黏附于鼻孔和上唇，结成干固的棕色痂垢。多在一侧出现胸膜肺炎变化，叩诊有实音区，听诊呈支气管呼吸音和摩擦音，按压胸壁表现敏感、疼痛。高热稽留不退，食欲锐减，呼吸困难和痛苦呻吟，眼睑肿胀，流泪或有黏液脓性眼屎。口半开张，流泡沫状唾液。头颈伸直，腰背拱起，腹肋紧缩，孕羊大批发生流产，流产率为70%~80%。有的发生腹胀和腹泻，口腔发生溃烂，唇、乳房等部位皮肤发疹。濒死前体温降到常温以下，病期7~15天，有的可达1个月。最后病羊卧倒，极度衰弱，幸而不死的转为慢性。

③慢性型：潜伏期平均18~20天。多见于夏季。全身症状轻微，体温升高，达40℃左右。病羊间有咳嗽和腹泻，鼻涕时有时无，身体衰弱，被毛粗乱无光。在此期间如饲养管理不良，可因并发症而迅速死亡。

（3）诊断　根据流行特点、临床症状和病理变化、胸膜肺炎可作出现场初步诊断。

(4) 防治　加强饲养管理，定期检疫预防，对假定健康羊应分群饲养。提倡自繁自养，新引入的山羊，应隔离观察 1 个月确定无病后方可混群；对疫区的假定健康羊，每年用山羊传染性胸膜肺炎氢氧化铝苗接种。病菌污染的环境、用具等应严格消毒。

使用新砷凡纳明“914”治疗、预防本病有效，剂量为 5 个月龄以下羔羊，0.1～0.15 克，5 月龄以上羊只，0.2～0.25 克，用灭菌生理盐水或 5% 葡萄糖盐水稀释为 5% 溶液，1 次静脉注射，必要时间隔 4～9 天再注射 1 次。可试用磺胺嘧啶钠注射液，皮下注射，每天 1 次；病的初期可使用土霉素，以每天每千克体重 20～50 毫克剂量分 2 次内服；氟苯尼考，每千克体重 20～30 毫克肌肉注射，每天注射 2 次，连用 3～5 天。酒石酸泰乐菌素注射，每天每千克体重6～12 毫克，每日肌肉注射 2 次，3～5 天为 1 个疗程。

（二）肉羊传染病预防

1. 免疫接种

接种疫（菌）苗是防治传染病最有效的措施。坚持“预防为主、综合防治”的方针，以每年春、秋两季对羊群进行集中防疫、免疫，常年补针为主、药物防治为辅的综合防治技术。

免疫接种分为预防接种和紧急接种。预防接种是在某些传染病常发地区或有某些传染病潜在威胁的地区，为了防患于未然，在平时应有计划地给健康羊进行免疫接种。羊场根据本地区常发传染病的种类、目前疫病流行情况和各种疫苗的免疫特性，制定切实可行的免疫程序，合理安排疫苗种类、免疫次数和间隔时间。免疫程序（表 8－1）不能作硬性统一规定，也不能盲目照搬照抄。紧急接种是在发生传染病时，为了迅速控制和扑灭流行疫病而对疫区和受威胁地区尚未发病羊群进行的接种。紧急接种的对象是正常无病羊，已患病羊不宜进行紧急接种。

(1) 制定合理的免疫程序。首先，要了解本地羊病流行的规律和情况。其次，通过试验监测制定合理的免疫程序，做到有的放矢。

(2) 疫（菌）苗的选购和保存 选购疫苗时，应根据羊只的数量和疫苗的免疫期限制定疫苗用量计划，并到畜牧兽医部门指定的疫苗供应点选购疫苗。不购买瓶壁破裂并标签不清或记载不详的疫苗，不购买没有按要求保存和快到失效期的疫苗。暂时不用的疫苗，若为冻干苗要冷冻保存，若为灭活苗，在4～8℃冷藏保存。

表8－1 羔羊免疫程序

接种时间	疫苗	接种方式	免疫期
2月龄	绵（山）羊痘灭活苗	尾根皮内注射	1年
2.5月龄	牛羊O型口蹄疫灭活苗	肌肉注射	6个月
3月龄	羊梭菌病三联或四防灭活苗	皮下或肌肉注射（第一次）	6个月
3.5月龄	羊梭菌病三联或四防灭活苗 Ⅱ号炭疽芽孢菌	皮下或肌肉注射（第二次），皮下注射	山羊6个月 绵羊12个月
产羊前6～8周（母羊、未免疫）	羊梭菌病三联或四防灭活苗 破伤风类毒素	皮下注射（第一次），肌肉或皮下注射（第一次）	6个月 12个月
产羔前2～4周（母羊）	羊梭菌病三联四防灭活苗 破伤风类毒素	皮下注射（第二次），皮下注射（第二次）	6个月12个月
4月龄	羊链球菌灭活苗	皮下注射	6个月
5月龄	布鲁氏菌病活苗（M5）	皮下注射或滴鼻	3年
7月龄	牛羊O型口蹄疫灭活苗	肌肉注射	6个月

(3) 正确使用疫（菌）苗 疫苗使用前应细看瓶签及使用说明。严格按使用说明要求的剂量、注射方法，严格消毒后注射，并详细记录注射剂量、日期、疫苗产地、出厂时间等。注射后随时观察有无疫苗反应，对出现过敏反应的羊只及时注射肾上腺素或强力解毒敏脱敏。

成年母羊免疫程序如表8－2所示。

表 8-2　成年母羊免疫程序

接种时间	疫苗	接种方法	免疫期
配种前 2 周	牛 O 型口蹄疫灭活苗	肌肉注射	6 个月
	羊梭菌病三联四防灭活苗	皮下或肌肉注射	6 个月
配种前 1 周	羊链球菌灭活苗	皮下注射	6 个月
	Ⅱ号炭疽芽孢苗	皮下注射	山羊 6 个月 绵羊 12 个月
产后 1 个月	牛 O 型口蹄疫灭活苗	肌肉注射	6 个月
	羊梭菌病三联四防灭活苗	皮下或肌肉注射	6 个月
	Ⅱ号炭疽芽孢菌	皮下注射	山羊 6 个月 绵羊 12 个月
产后 1.5 个月	羊链球菌灭活苗	皮下注射	6 个月
	山羊传染性脑膜肺炎灭活苗	皮下注射	1 年
	布鲁氏菌病灭活苗（M5）	皮下注射或滴鼻	3 年
	绵（山）羊痘灭活苗	尾根皮内注射	1 年

2. 药物预防

有些疾病尚无疫苗或不宜用疫苗预防，在这种情况下可采用药物预防。常用的药物有磺胺类药物、抗生素和微生物生态制剂等，大多可混于饮水或拌入饲料中口服。磺胺类预防量 0.1% ~0.2%，四环族抗生素预防量 0.01% ~0.30%，一般连用 5 ~7 天，必要时也可酌情延长。此外，成年羊口服土霉素等抗生素时，常引起肠炎等中毒反应。为了预防应激要在饲料和饮水中加入维生素 C 和电解多维等药物。必须注意的是，微生态制剂可长期添加，但不能和抗菌药物同用。4 月龄以上的羊，由于瘤胃已发育正常，在饲料中长期添加抗生素来预防疾病会产生一定的副作用。有条件的羊场，还可经常进行药敏试验，选择高度敏感的药物使用。

四、肉羊常见寄生虫病防治

（一）常见寄生虫病防治

1. 羊肝片吸虫病

肝片吸虫病是羊等反刍动物的主要寄生虫病，是由吸虫纲片形科的肝片吸虫和大片虫引起的。多寄生于羊等反刍动物的肝脏胆管中，引起急性和慢性肝炎和胆管炎，并伴有全身的中毒和营养不良。

肝片吸虫虫体背腹扁平，呈榆树叶状。新鲜虫体呈棕红色，长20～30毫米，宽10～13毫米。成虫在羊胆管内产卵，卵随胆汁进入消化道，随粪便排出体外。卵落入水中，在水中孵化成毛蚴，毛蚴钻入椎实螺，在椎实螺体内发育成胞蚴、雷蚴、尾蚴，尾蚴离开螺体进入水中，附于水生植物上，形成囊蚴，羊吃到囊蚴后感染。

（1）症状　急性型病夏末秋季多发病。病初发热、易疲劳，离群落后。叩诊肝区浊音区扩大、压痛敏感，迅速发生贫血。常在3～5天死亡。

慢性病羊贫血，眼睑、颌下、胸下、腹下水肿，被毛粗乱、无光泽、干枯易断，有脱毛现象。消化障碍，瘤胃弛缓。食欲减退或废绝、逐渐消瘦，最后由于极度衰竭而死亡。

（2）诊断　根据临床症状、虫卵检查、病理解剖及流行病学综合诊断，不难做出诊断。对羊急性型的诊断要以解剖为主，把肝脏切碎，在水中挤压可找到大量虫体。

（3）预防　定期驱虫，每年秋春各驱虫一次；粪便应经发酵处理，以杀死虫卵；消灭中间畜主椎实螺；防止饲草和水被污染。

（4）治疗　口服丙硫咪唑，每公斤体重20毫克；口服肝蛭净，羊：每千克体重10毫克；口服硝氯酚，羊：每次每千克体重3～4毫克。

2. 双腔吸虫病

双腔吸虫病是由矛形双腔吸虫和中华双腔吸虫寄生于羊的肝脏，胆管和胆囊内所引起的疾病。本病主要危害反刍动物，羊严重感染时可导致死亡。

矛形双腔吸虫，虫体扁平、透明，呈红棕色，体长 5～15 毫米，宽 1.5～2.5 毫米；中华双腔吸虫，虫体扁平、透明，体长 3.5～9 毫米，宽 2～3 毫米。

双腔吸虫在羊的胆管和胆囊内产出虫卵，卵随胆汁进入肠道，随粪便排出体外，虫卵被陆地蜗牛吞食后，在蜗牛体内发育，经母胞蚴、子胞蚴到尾蚴，尾蚴经蜗牛呼吸孔排出，被蚂蚁吞食。在蚂蚁体内形成囊蚴，羊吃了含囊蚴的蚂蚁后被感染。

（1）流行及临床症状　本病多呈地方流行。矛形双腔吸虫多分布于干燥的高山牧场，而中华双腔吸虫多分布于沼泽地和河谷漫滩，有明显的季节性，夏秋季感染，冬春发病。轻度感染，症状不明显。严重感染，表现精神沉郁，食欲不振，黏膜苍白黄染，颌下水肿，腹胀、下痢，行动迟缓，渐行性消瘦。因极度衰竭而玉死亡。病死羊肝脏肿大、变硬，胆管扩张，管壁增厚。

（2）诊断　采集粪便，检查虫卵，结合临床症状可确诊。

（3）防治　应定期驱虫，消灭中间畜主，阻断传播途径及感染源。

丙硫咪唑，每千克体重 30～50 毫克，一次口服；吡喹酮，每千克体重 60～80 毫克，一次口服；海林涛，每千克体重 30～80 毫克，一次口服。

3. 羊前后盘吸虫病

前后盘吸虫病是由前后盘科的各属吸虫寄生于羊的瘤胃而引起的寄生虫病。

前后盘吸虫种属很多，虫体各有差异。有的仅数毫米，有的长达 20 多毫米，颜色有深红、淡红、乳白等色。

前后盘吸虫只有淡水螺一个中间畜主，成虫在反刍动物瘤胃中产卵，随粪便排出体外，经适宜的温度孵化成毛蚴，进入水中，钻入淡水螺体内，发育成胞蚴、雷蚴、子雷蚴和尾蚴，尾蚴成熟后离开淡水螺，附在水草上形成囊蚴，反刍动物吞食水草而感染 。

(1) 流行及症状　本病多发于夏秋季节。病羊表现顽固性腹泻，粪便腥臭。体温有时升高，消瘦、贫血，下颌水肿，黏膜苍白。后期因消瘦衰竭而死亡。

(2) 诊断　根据临床表现及发病特点，采集粪便，进行虫卵检查，死后解剖检到虫体可确诊。

(3) 治疗　氯硝柳胺（灭绦灵），每千克体重 75 ~ 80 毫克，口服；硫双二氯酚（别丁），每千克体重 80 ~ 100 毫克，口服；溴羟替苯胺，每千克体重 65 毫克，口服。

4. 多头蚴（脑包虫）

脑多头蚴病是由多头蚴的幼虫——多头蚴寄生在羊的脑、脊髓内，引起脑炎、脑膜炎及一系列神经症状，甚至死亡的严重寄生虫病。

多头绦虫寄生于犬、狼等食肉动物小肠内，其孕节片随粪便排出体外，释放大量虫卵，污染草料、饮水，羊吞食后在肠道中孵化出六钩蚴，六钩蚴进入肠黏膜，随血液进入脑和脊髓发育成多头蚴。

(1) 症状　该病呈急性型和慢性型。

急性型：羔羊明显，由于六钩蚴进入脑，刺激和损伤脑组织，造成脑部炎症，从而体温升高，脉搏、呼吸加快，患畜兴奋性增强，作回转运动，前冲或后退，并有抽搐。有时沉郁，长时间躺卧。部分病畜 5 ~ 7 天内因脑膜炎而死亡，不死的变为慢性。

慢性型：患畜耐过急性期后，症状逐渐消失，经 2 ~ 6 个月后，由于虫体长大，症状再次出现。作转圆运动，并常造成视力下降，以至失明。由于虫体寄生在脑中部位不同，可出现直线运动、后退、强直痉挛、失去平衡、共济失调等症状。当虫体寄生在脊髓时，可引起后肢麻痹。小便失禁等症。患畜食欲减退或消失，体重减轻、衰弱，数次发作后多死亡。

（2）诊断　根据病畜的异常运动，视力障碍，在病变或虫体相接处的颅骨发生骨质松软、变薄，甚至穿孔，致使皮肤表面隆起，病变周围组织发炎等症状即可做出诊断。

（3）防治　防止犬类等食肉动物食入带多头蚴的脑和脊髓。对护羊犬进行定期驱虫；初发患羊可用吡喹酮治疗。每千克体重每天50毫克，内服，连用5天，晚期病畜可采取手术摘除。

5. 棘球蚴病

棘球蚴病是寄生于狗、狼等动物小肠中的细粒棘球绦虫的幼虫——棘球蚴，寄生在羊的肝、肺而引起的一种人畜共患的寄生虫病。

细粒棘球蚴，呈多种多样的囊泡状，大小可由黄豆大到人头大。囊内充满液体。

成虫细粒棘球蚴绦虫寄生于狗、狼等的小肠内，其孕节片随粪便排出体外，当羊食入被孕节片污染的饲草和饮水后即可被感染。虫卵内的六钩蚴钻入肠壁血管内，随血液到达肝脏或肺脏，发育成棘球蚴。

（1）症状　轻度感染和感染初期，无明显症状。但在寄生数量多，而同时虫体长大的情况下，可见患畜长期顽固性的消化紊乱，营养失调、反刍无力、臌气、消瘦、黄疸。大量寄生于肺部时，则见喘息和咳嗽。

（2）诊断　生前诊断较为困难。死后解剖可发现虫体。

（3）防治　定期对牧羊犬进行驱虫。防止饲草、饲料、饮水被犬粪污染。目前对本病无有效治疗方法。较可靠的方法是手术摘除，但很少用于家畜。

6. 绦虫病

绦虫病是由莫尼茨绦虫，曲子宫绦虫及无卵黄腺绦虫寄生于羊的小肠内引起。其中，莫尼茨绦虫危害最为严重。当感染羔羊后，不仅影响生长发育。甚至可引起死亡。

莫尼茨绦虫，虫体呈带状，全长可达6米，最宽处16～26毫米，乳白色；曲子宫绦虫虫体长2米，宽约12毫米；无卵黄腺绦虫，虫体长2～3米，宽仅3毫米。

寄生于羊小肠中的绦虫成虫，它们的孕节片成熟后随粪便排出体外，被地螨吞食，卵内的六钩蚴在地螨体内发育成囊尾蚴，当羊吞食了含有囊尾蚴的地螨后，在羊肠壁上发育为成虫。

（1）症状　一般可表现食欲减退，贫血与水肿。羔羊腹泻时粪中混有虫体节片，被毛粗乱无光，喜躺卧，起立困难，体重迅速下降，有时出现神经症状。若虫体阻塞肠管，则出现肠膨胀和腹痛，甚至因肠破裂而死亡。

（2）诊断　由于有白色米粒状的单个节片或呈面条状的成群节片随粪便排出，肉眼从粪便中见到这些节片就可确诊。

（3）治疗　丙硫苯咪唑，每千克体重10～16毫克，一次口服。吡喹酮，每千克体重5～10毫克，一次口服。灭绦灵，每千克体重75～100毫克，早晨空腹一次口服。硫双二氯酚，每千克体重50～70毫克，一次口服。甲苯咪唑，每千克体重20毫克，一次口服。

7. 鼻蝇蛆病

本病是由羊鼻蝇（羊狂蝇）的幼虫寄生在羊的鼻腔及其附近的腔窦内引起的。病羊呈慢性鼻炎、鼻窦炎和额窦炎。该病主要危害绵羊，山羊较轻。

成虫：羊鼻蝇形似蜜蜂。全身密生短毛，体长10～12毫米；头大、呈球形、黄色；两腹眼小且相距较远；触角短小呈球形；背部拱起，各节有深色的横带；后端齐平，有两个明显黑色的后气孔。

幼虫：第一期幼虫约1毫米，淡黄白色；前端腹面有2个黑色的口钩，体表密生小刺。第二期幼虫呈椭圆形，长20～25毫米，腹下有刺。第三期幼虫长30毫米，前端尖细，有两个黑色口钩。

羊鼻蝇需经幼虫、蛹及成虫3个阶段。成虫一般出现于5～9月份，雌雄交配后，雄虫很快死亡。雌虫在有阳光的白天，以急骤而突然的动作飞向羊鼻，将幼虫产在羊鼻孔内或鼻孔周围。雌虫产卵后也很快死亡。产出的第一期幼虫很快爬入鼻腔，并渐向鼻腔深部移动，在鼻腔、额窦或鼻窦内，经两次蜕化成第二期幼虫，成熟的第三期幼虫向鼻外出移行，羊打喷嚏时，被喷落地面，钻入土内或羊粪内变蛹，两个月后孵化成鼻蝇。

（1）症状　幼虫进入鼻腔、额窦及鼻窦后，在移行过程中损伤鼻黏膜，引起鼻炎，可见羊流出多量鼻液，鼻液开始为浆液性，后为黏液性和脓性，有时混有血液，当大量鼻漏干涸在鼻孔周围形成硬闸时羊呼吸困难。另外，病羊表现为不安、打喷嚏、摇头、摩鼻、眼睑浮肿、流泪，食欲减退，日渐消瘦。当个别幼虫子进入颅腔损伤了脑膜，或因鼻窦炎波及脑膜时，可引起神经症状，病羊表现为运动失调，转圈、头弯向一侧或发生麻痹，最后病羊食欲废绝，因衰竭而死亡。

雌蝇侵袭羊群产幼虫时，羊只惊慌不安，频频摇头，或将鼻端抵触地面，或互相挤在一起，将头藏于其他羊只的腹下或腿间，使羊不能正常采食和休息，严重影响羊只膘情和发育。

（2）诊断　可根据临床症状结合流行病学做出初步诊断。剖检时在鼻腔鼻窦或额窦发现羊鼻蝇幼虫即可确诊。

（3）防治　敌百虫，10%的敌百虫软膏，涂于羊鼻孔周围，可驱避成蝇和杀死幼虫。阿维菌素，每公斤体重0.2毫克，一次皮下注射。1%敌百虫溶液，对羊鼻孔进行喷射，每侧鼻孔10～15毫升。

8. 羊螨病

羊螨病是由疥螨和痒螨通过接触感染、寄生于羊的皮肤内和体表而引起的慢性寄生虫性皮肤病。该病具有高度传染性，以剧痒、脱毛及各种类型的皮肤炎为特征。严重感染可引起死亡，危害十分严重。

（1）病原体　疥螨虫体很小，肉眼勉强能看到，雄虫长0.226～0.339毫米，宽0.169～0.243毫米，雌虫长0.339～0.509毫米，宽0.283～0.358毫米，虫体呈圆形或龟形，暗灰色，体表粗糙，生有大量的小刺；前端口器为铁蹄形；虫体腹面前部和后部各有两对粗短的足，疥螨寄生于羊皮肤角化层以下。

痒螨虫体呈圆形，长0.5～0.9毫米，肉眼可见。口器长，呈圆锥形，四对足细长，尤其前两对更发达。痒螨可寄生于牛、羊、兔、马等多种动物体表，各种动物体表上的痒螨形态很相似，但彼此互不传染。

疥螨和痒螨的发育包括虫卵、幼虫、若虫和成虫四个阶段，均在宿主体上度过。其中雄螨有一个若虫期，雌螨有二个若虫期。疥螨的发育是在羊的表皮内不断挖凿隧道，并在隧道中不断繁殖和发育，完成一个发育周期需8～22天。痒螨在皮肤表面进行繁殖发育，完成一个发育周期需10～12天。本病传播主要是由于健畜与患畜直接接触，或通过被螨及期卵所污染的圈舍、用具间接接触引起感染。

（2）症状　发病初期，因虫体小，刺、刚毛和分泌的毒素刺激神经末稍，引起剧痒。可见患畜不断在围墙、栏柱等处摩擦，在阴雨天，夜间或通风不好的圈舍以及随病的加重，痒觉表现更为剧烈；由于患畜的摩擦和啃咬，患部皮肤出现丘疹，结节，水泡，甚至脓疱，以后形成痂皮和龟裂。绵羊患疥螨时，病变主要在头部，呈“石灰头”样，绵羊患痒螨后，可见患部大片被毛脱落。发病后患畜因终日啃咬和摩擦患部，烦躁不安，影响正常采食和休息，日渐消瘦，最终因极度衰竭而死亡。

（3）诊断　根据患畜的表现及疾病流行情况，对可疑病畜刮取皮肤组织，检查病原。方法：在皮肤的患部和健康部的交界处刮取皮屑，要求一直刮到皮肤出血为止；刮取的皮屑放入10%的氢氧化钾或氢氧化钠的溶液中煮沸，待大部皮屑溶解后，经沉淀，取沉渣镜检虫体。也可将刮取的皮屑置于平皿内，把平皿放在热水上稍加温，将平皿放在白色的背景上，用放大镜仔细观察，有无螨虫在皮屑中爬动。

（4）防治　每年定期对畜群进行药浴，定期消毒，对由外新购入的羊只要隔离检查，确定无螨后可混群饲养。

涂药疗法：适用于病畜较少，患部面积小，适合在寒冷季节使用。首先，用温水或2%的来苏儿彻底清洗患部，除去痂皮，然后擦干患部后用药。药物可选用2%的敌百虫药液。

药浴疗法：适用于病畜较多及气候温暖季节，也常用于预防。在药浴前要让畜群喝足水，水温在36～38℃。常用药物0.5%～1%的敌百虫。

注射疗法：适用于各种情况的螨病的治疗，省时、省力。常用药物为阿维菌素，羊每千克体重200微克，皮下注射。

（二）羊的药浴和药浴注意事项

药浴的目的是预防和治疗羊体外寄生虫病，如疥癣、羊虱等。根据药液利用方式的不同，可分为池浴、淋浴、盆浴三种药浴方式。池浴、淋浴在羊较多的地区比较普遍，盆浴多在羊数量较少的情况下采用。目前，国内外正在推广喷雾法，为保证药浴安全有效，应先用少量羊只进行试验，确认不会中毒时，再进行大批药浴。

1. 药浴的时间

在有疥癣病发生的地区，对羊只每年可进行2次药浴。治疗性药浴在夏末秋初进行。冬季对发病羊只，可选择暖和天气，用药液局部涂擦浴。

2. 药浴液的配制

目前，羊常用的药浴液有：0.05%的辛硫磷乳油（100千克水加50%的辛硫磷乳油50克）；0.5%～1%的敌百虫水浴液；螨净、舒利保等。

药液配制宜用软水，加热到60～70℃，药浴时药液温度为20～30℃。

3. 药浴方法

（1）池浴法　药浴时，一个人负责推引羊只入池，另一人手持浴叉在池边照护，遇有背部、头部没有渗透的羊将其压入浸湿；遇有拥挤互压现象，要及时拉开，以防药水呛入羊肺或羊淹死在池内。羊只在入池2~3分钟后即可出池，使其在广场停留5分钟后放出。

（2）淋浴法　淋浴是在池浴的基础上进一步改进提高后形成的药浴方法，优点是浴量大，速度快，节省劳力，比较安全，药浴质量高。目前，我国许多地区都已采用。淋浴前应先清洗好淋场进行试淋，待机械运转正常后，即可按规定浓度配制药液。淋浴时先将羊群赶入淋场，开动水泵进行喷淋，经2~3分钟淋透全身后即可关闭水泵，将淋毕的羊只赶入滤液栏中，经3~5分钟可放出。

4. 药浴注意事项

①挑选晴朗无风的天气进行。在药浴前8小时停止喂料，在入浴前2~3小时，给羊饮足水，以免羊进入药浴池后，吞饮药液。

②先让健康的羊药浴，有疥癣的羊放在最后药浴。

③药浴池药液一般深度为70~80厘米，可根据羊的体高增减，以能淹没羊全身为宜，水温30℃左右，药浴时间以1分钟左右为宜。入浴时羊群鱼贯而行。药浴池出口处设有滴流台，羊在滴流台上停留20分钟，使羊体的药液滴下来，流回药浴池。这样，一方面节省药液，另一方面避免余液滴在牧场上，使羊中毒。羊只较多时，中途应加1次药液和补充水，使其保持一定高度。

④工作人员手持带钩的木棒，在药浴池两边控制羊群前进速度，不让羊头进入药液中。但是，当羊走近出口时，故意将羊头按进药液内1~2次，以防止羊的头部发生疥癣。

⑤离开滴流台后，将羊收容在凉棚或宽敞的厩舍内，避免日光照射。药浴后6~8小时，可以喂羊饲料或放牧。放牧时切忌羊扎堆。

⑥有外伤的羊只和怀孕2个月以上的母羊不药浴。成年羊和育成羊要分开药浴。

⑦药浴时间选择在剪毛后7~10天进行，过迟或过早都不好，隔8~14天再重复药浴1次。

⑧药浴后的残液要处理好，防止污染环境和人畜中毒。

五、肉羊常见普通病

（一）口炎

羊的口炎是口腔黏膜表层和深层组织的炎症。临床可见患羊口腔黏膜和齿龈发炎，可使病羊采食和咀嚼困难，口流清涎，痛觉敏感性增高。

1. 病因

由于口炎的性质不同，病因也不同。采食粗硬、有芒刺或刚毛的饲料，或饲料中混有玻璃、铁丝等各种尖锐异物，或因灌服过热的药液，采食冰冻饲料或霉败饲料等均可导致口炎发生。也发生于羊患口疮、口蹄疫、羊痘、霉菌性口炎、变态反应和羔羊营养不良等疾病时。

2. 临床症状

病羊食欲减退或废绝，口腔黏膜潮红、肿胀、疼痛、流涎。严重者可见有出血、糜烂、溃疡，或引起体质消瘦。

继发性口炎多见有体温升高等全身反应。如羊口疮时，口黏膜以及上下嘴唇、口角处呈现水疱疹和出血干痂样坏死；口蹄疫时，除口腔黏膜发生水疱及烂斑外，趾间及皮肤也有类似病变；羊痘时，除口黏膜有典型的痘疹外，在乳房、眼角、头部、腹下皮肤等处亦有痘疹。

3. 防治措施

加强管理和护理，防止因口腔受伤而发生原发性口炎。对传染病所致的口炎，宜隔离消毒。轻度口炎，可用2% ~3%重碳酸钠溶液，或0.1%高锰酸钾溶液，或2%食盐水冲洗；对慢性口炎发生糜烂及渗出时，用1% ~5%蛋白银溶液或2%明矾溶液冲洗；有溃疡时用

1∶9碘甘油或蜂蜜涂擦。

全身反应明显时，用青霉素40万～80万单位，链霉素100万单位，1次肌肉注射，连用3～5日；亦可服用磺胺类药物。

中药疗法，可用柳花散：黄柏50克、青黛12克、肉桂6克、冰片2克，各研细末，和匀，擦口腔内疮面上。亦可用青黄散；青黛100克、冰片30克、黄柏150克、五倍子30克、硼砂80克、明矾80克，研为细末，蜂蜜混合贮藏，每次用少许擦口疮面上。

为杜绝口炎的蔓延，宜用2%碱水刷洗消毒饲槽。给病羊饲喂青嫩、多汁、柔软的饲草。

（二）食道阻塞

食道阻塞也称食管阻塞，是羊食道内腔被食物或异物堵塞而发生的，以咽下障碍为特征的疾病。

1. 病因

食道阻塞的病因有原发性和继发性两种。原发性食道阻塞，主要由于过度饥饿的羊吞食了过大的块根饲料，未经充分咀嚼而吞咽，阻塞于食道某一段而酿祸成疾。例如，吞进大块萝卜、西瓜皮、洋芋、包心菜根及落果等；或因采食大块豆饼、花生饼、玉米棒以及谷草、干稻草、青干草和未拌湿均匀的饲料等，咀嚼不充分忙于吞咽而引起；亦见有误食塑料袋、地膜等异物造成食道阻塞的。继发性食道阻塞常见于食道麻痹、狭窄、扩张和食管炎。也有因中枢神经兴奋性增高，发生食管痉挛，与采食中毒引起食道阻塞。

2. 临床症状

该病一般多突然发生。一旦阻塞，病羊采食停止，头颈伸直，伴有吞咽和作呕动作；口腔流涎，骚动不安；或因异物吸入气管，引起咳嗽。当阻塞物发生在颈部食道时，局部突起，形成肿块，手触可感觉到异物形状；当发生在胸部食道时，病羊疼痛明显，并可继发瘤胃臌气。

3. 诊断要点

根据病史和大量流涎、呈现吞咽动作等症状，再结合食管外部触诊可作出诊断。如果阻塞发生在颈部，外部触诊可摸到阻塞物；若发生于食管的胸段，即胸部食管阻塞时，在阻塞部位上方的食管内积满唾液，触诊能感到波动并引起哽噎运动。

4. 防治措施

（1）吸取法　阻塞物属草料食团，可将患羊保定，送入胃管后用橡皮球吸取水，注入胃管，在阻塞物上部或前部软化阻塞物，反复冲洗，边注入水边吸出，反复操作，直至食道畅通。

（2）胃管探送法　阻塞物位于靠近贲门部位时，可先将2%普鲁卡因溶液5毫升、石蜡油30毫升混合后，用胃管送至阻塞物部位，10分钟后，再用硬质胃管推送阻塞物进入瘤胃中。

（3）砸碎法　当阻塞物易碎，表面圆滑并阻塞在颈部食道时，可在阻塞物两侧垫上布鞋底，将一侧固定，在另一侧用木槌或拳头打砸（用力要均匀），使其破碎后咽入瘤胃。

治疗中若继发瘤胃臌气，可施行瘤胃放气术，以防病羊窒息。

为了预防该病的发生，应防止羊偷食未加工的块根饲料；补喂家畜生长素制剂或饲料添加剂；清理牧场、厩舍周围的废弃杂物。

（三）瘤胃积食

瘤胃积食即急性瘤胃扩张，亦称瘤胃阻塞，是瘤胃充满多量食物，使正常胃的容积增大，胃壁急性扩张，食糜滞留在瘤胃引起严重消化不良的疾病，为羊最易发生的疾病，尤以舍饲情况下最为多见。山羊比绵羊多发，年老母羊较易发病。该病临床特征为反刍、嗳气停止，瘤胃坚实，疝痛，瘤胃蠕动极弱或消失。

1. 病因

该病主要是羊食入过多的喜爱采食的饲料，如苜蓿、青饲、豆科牧草；或养分不足的粗饲料，如干玉米秸秆等；采食干料，饮水不足也可引起该病的发生。

此外，因过食或偷食谷物精料，引起急性消化不良，使碳水化合物在瘤胃中形成大量乳酸，导致机体酸中毒，亦可显示瘤胃积食的症状。

该病还可继发于前胃弛缓、瓣胃阻塞、创伤性网胃炎、腹膜炎、皱胃炎及皱胃阻塞等疾病过程。

2. 临床症状

因病因和胃内容物分解毒物吸收的多少不一，症状轻重不同。腹围增大，瘤胃上部饱满，中下部向外鼓胀（突出）。有腹痛症状，如回顾腹部或后肢踢腹、弓背摇尾、起卧不安，粪便中排出未消化的饲料。食欲废绝，反刍停止或减少，听诊瘤胃蠕动音减弱、消失；触诊瘤胃胀满、坚实，似面团感，指压有压痕。重症可出现流涎、磨牙、呻吟、心跳加快、脉搏增数、黏膜呈深紫红色，但体温正常。出现视力障碍，盲目直行或转圈；有的烦躁不安、头抵墙，撞人或嗜眠，卧地不起。

3. 诊断要点

根据过食后发病，瘤胃内容物充满而坚实，食欲、反刍停止等特征可以确诊。

4. 防治措施

（1）预防　严格饲养管理制度，加强对羊群检查，建立合理的饲喂和放牧程序。避免大量给予富含纤维、干硬而不易消化的饲料，对可口喜吃的精料要限制供给量；冬季由放牧转为舍饲时，应给予充足的饮水，并应创造条件，供给温水。尤其是饱食以后不要给大量冷水。

（2）治疗　治疗应遵循消导下泻，止酵防腐，纠正酸中毒，健胃，补充液体的治疗原则。

消导下泻，可用石蜡油 100 毫升、人工盐或硫酸镁 50 克，芳香氨酯 10 毫升，加水 500 毫升，1 次内服。

止酵防腐，可用鱼石脂 1～3 克、陈皮酊 20 毫升，加水 250 毫升，1 次内服。亦可用煤油 3 毫升，加温水 250 毫升，摇匀呈油悬浮液，1 次内服。

（四）急性瘤胃臌气

急性瘤胃臌气（气胀）是草料在瘤胃发酵，产生大量气体，致使瘤胃体积迅速增大，过度膨胀并出现嗳气障碍为特征的一种疾病。常发生于春季、夏季，绵羊和山羊均可患病。本病可分为原发性瘤胃臌气（泡沫性臌气）和继发性瘤胃臌气（非泡沫性或自由气体性臌气）两种。

1. 病因

①吃了大量容易发酵的饲料。最危险的是各种蝶形花科植物，如车轴草、苜蓿及其他豆科植物，尤其是在开花以前。初春放牧于青草茂盛的牧场，或多食萎干青草、粉碎过细的精料、发霉腐败的马铃薯、红萝卜及山芋类等，都易引发疾病。

②吃了雨后水草或露水未干的青草，冰冻饲料或秸秆。尤其是在夏季雨后清晨放牧时，易患此病。

继发性瘤胃臌气：主要是由于前胃机能减弱，嗳气机能障碍。多见于前胃弛缓、食道阻塞、腹膜炎、气哽病等。继发性瘤胃膨胀多为慢性瘤胃臌胀，瘤胃中度臌胀，常为间歇性反复发作。经治疗虽能暂时消除臌胀，但极易复发。

2. 临床症状

病羊站立不动，背拱起，头常弯向腹部。不久腹部迅速胀大，左边更为明显，皮肤紧张，叩之如鼓。由于第一胃向胸腔挤压，引起呼吸困难，病羊张口伸舌，表现非常痛苦。呼吸困难的原因除由于胃内气体积蓄之外，同时也因为第一胃能够迅速吸收二氧化碳及一氧化碳。

膨胀严重时，病羊的结膜及其他可见黏膜呈紫红色，不吃、不反刍，脉搏快而弱，间有嗳气或食物反流现象。

有时直肠垂脱。此时病羊十分窘迫，站立不稳，最后倒卧地上，痉挛而死。病程常在 1 小时左右。

3. 诊断要点

急性瘤胃臌气病情急剧，根据采食大量易发酵性饲料后发病的病史；初期病羊表现不安，回顾腹部，拱背伸腰，肷窝突起，有时左肷向外突出，高于髋节或脊背水平线，血液循环障碍，呼吸极度困难等症状；反刍和嗳气停止，触诊腹部紧张性增加，叩诊呈鼓音，听诊瘤胃蠕动力量减弱，次数减少，可确诊。

4. 防治措施

（1）预防　此病大都与放牧不小心和饲养不当有关，为了预防臌气，必须做到以下各点：

春初放牧时，每日应限定时间，有危险的植物不能让羊任意饱食；一般在生长良好的苜蓿地放牧时，不可超过 20 分钟。第一次放牧时，时间更要尽量缩短（不可超过 10 分钟），以后逐渐增加；放牧青嫩的豆科草以前，应先喂些富含纤维质的干草；在饲喂新饲料或变换放牧场时，应该严加看管，以便及早发现症状；帮助放牧人员掌握简单的治疗方法，放牧时，要带上木棒、套管针（或大针头、小刀子）或药物，以适应急需，因为急性膨胀往往可以在 30 分钟以内引起死亡；不要喂给霉烂的饲料，也不要喂给大量容易发酵的饲料。雨后及早晨露水未干以前不要放牧。

（2）治疗　治疗原则是胃管放气，防腐止酵，清理胃肠。可插入胃导管放气，缓解腹部压力。或用 5% 的碳酸氢钠溶液 1 500 毫升洗胃，以排出气体及中和酸败胃内容物。必要时可进行瘤胃穿刺放气。

（五）羊谷物酸中毒

谷物酸中毒是因羊采食或偷食谷物饲料过多，从而引起瘤胃内产生乳酸的异常发酵，引起一种消化不良疾病。临床表现以精神兴奋或沉郁，食欲和瘤胃蠕动废绝，胃液酸度升高，瘤胃积食胀软，脱水等为特征。

1. 病因

主要病因为过食富含碳水化合物的谷物，如大麦、小麦、玉米、高粱、水稻，或麸皮和糟粕等浓厚饲料所引起。本病发生的原因主要是对羊管理不严，致使偷食大量谷物饲料或突然增喂大量谷物饲料，使羊突然发病。

2. 临床症状

一般在大量摄食谷物饲料后4～8小时发病，病的发展很快。病羊精神沉郁，食欲和反刍废绝。触诊瘤胃胀软，体温正常或升高，心跳加快，眼球下陷，血液黏稠，尿量减少。腹泻或排粪很少，有的出现蹄叶炎而跛行。随着病情的发展，病羊极度痛苦、呻吟、卧地昏迷而死亡。急性病例，常于4～6小时内死亡，轻型病例则可耐过，如病期延长亦多死亡。

3. 诊断要点

本病根据羊表现脱水，瘤胃胀满，卧地不起，具有神经症状；结合过食豆类、谷类或含丰富碳水化合物饲料的病史，进行综合分析与论证，可作出诊断。

4. 防治措施

（1）预防　加强饲养管理，严防羊偷食谷物饲料及突然增加浓厚精饲料的喂量，应控制喂量，做到逐步增加，使之适应。

（2）治疗　中和胃液酸度，用5%碳酸氢钠1 500毫升胃管洗胃，或用石灰水洗胃。石灰水制作：生石灰1千克，加水5升，搅拌均匀，沉淀后用上清液。

（六）腐蹄病

羊腐蹄病是一种传染病，其特征是局部组织发炎、坏死，因为常侵害蹄部，因而称“腐蹄病”。患病后生长不良、掉膘、羊毛质量受损，偶尔死亡，造成严重的经济损失。

1. 病因

本病常发生于低湿地带，多见于湿雨季节。环境潮湿，羊只长期拥挤，相互践踏，都容易使蹄部受到损伤，并继发细菌感染，可引起严重的后果，甚至会导致蛆的侵袭。

2. 临床症状

病初轻度跛行，多为一肢患病。随着疾病的发展，跛行逐渐严重。如果两前肢患病，病羊往往爬行；后肢患病时，常见病肢伸到腹下。检查蹄部时，病初可见蹄间隙、蹄匣和蹄冠红肿、发热，触碰有疼痛反应，以后溃烂，挤压时有恶臭的脓液流出。更为严重时，蹄部深层组织坏死，蹄匣脱落，病羊常跪下采食。有时在绵羊羔引起坏死性口炎，可见鼻、唇、舌、口腔甚至眼部发生结节、水疱，以后变成棕色痂块。有时由于脐带消毒不严，可以发生坏死性脐炎。在极少数情况下，可以引起肝炎或阴唇炎。

病程比较缓慢，多数病羊跛行达数十天甚至数月。由于影响采食，病羊逐渐变为消瘦。如不及时治疗，可能因为继发感染而造成死亡。

3. 诊断

一般根据临床症状（发生部位、坏死组织的恶臭味）和流行特点，即可作出诊断。

4. 防治

（1）预防　消除促进发病的各种因素。加强羊蹄护理，经常修蹄，避免用尖硬多荆棘的饲料，及时处理蹄外伤；注意圈舍卫生，保持清洁干燥，羊群不可过度拥挤；尽量避免或减少在低洼、潮湿的地区放牧。

当羊群中发现本病时，应及时进行全群检查，将病羊全部隔离，及时治疗。健康羊全部用30%硫酸铜或4%甲醛溶液（10%福尔马林）进行预防性浴蹄。圈舍要彻底清扫消毒，铲除表层土壤，换成新土。彻底进行焚烧处理粪便、坏死组织及污染褥草。如果患病羊只较多，应该倒换放牧场和饮水处；选择干燥牧场，改到沙底河道饮水。停止在污染的牧场放牧，至少经过2个月以后再放牧。

注射抗腐蹄病疫苗“Clovax”。最初注射2次，间隔5~6周。以后每6个月注射1次，同时，加强饲养管理条件。对死羊或屠宰羊，应先除去坏死组织，然后剥皮，待皮、毛干燥以后方可外运。

（2）治疗　首先，隔离患羊，保持环境干燥。然后根据疾病发展情况，采取适当治疗措施。

除去患部坏死组织，到出现干净创面时，用食醋、4%醋酸、1%高锰酸钾、3%来苏儿或双氧水冲洗，再用10%硫酸铜或2.4%甲醛溶液（6%福尔马林）进行浴蹄。如为大批发生，可每日用10%龙胆紫或松馏油涂抹患部。

若脓肿部分未破，应切开排脓，然后用1%高锰酸钾洗涤，再涂擦浓甲醛，或涂撒高锰酸钾粉。

除去坏死组织后，涂以青霉素水剂（每毫升生理盐水含100~200单位）或油乳剂（每毫升油含1 000单位）局部涂抹。对于严重的病羊，例如有继发性感染时，在局部用药的同时，应全身用磺胺类药物或抗生素，其中，以注射磺胺嘧啶或土霉素效果最好。

六、肉羊中毒病预防

引起羊中毒的原因很多，如有毒植物的叶茎、果实、种子、霉败饲料、饲料调配不当、农药及化肥、灭鼠药等均可引起羊中毒的发生。在日常饲养管理过程中应设法除去病因，防止中毒的发生。

具体做法：不喂含毒植物的叶茎、果实、种子；不在生长有毒植物区域内物放牧，或实行轮作，铲除毒草。不喂霉变饲料，饲料喂前要仔细检查，如果发霉变质，应废弃不用；注意饲料的搭配、调制和储藏。有些饲料本身含有有毒物质，饲喂时必须加以调制。如棉籽饼经高温处理后可减毒，减毒后再按一定比例同其他饲料混合搭配饲喂，就不会发生中毒。有些饲料，如马铃薯若储藏不当，其中的有毒物质就会大量增加，对羊有害，因此，应储存在避光的地方，防止变青发芽；饲喂时也要同其他饲料按一定比例搭配。

另外，对其他有毒药品如灭鼠药、农药及化肥等的保管及使用也必须严格，以免羊接触发生中毒。对喷洒过农药和施有化肥的农田排水，不应作饮用水；对工厂附近排出的水或池塘内的死水，也不宜让羊饮用。

一旦发生中毒，要查明原因，及时进行救治。一般遵循的原则是除去毒物，应用解毒药和对症治疗。

主要参考文献

1. 董玉珍，岳文斌. 非粮型饲料高效生产技术. 北京：中国农业出版社，1997.

2. 绵羊技术体系营养与饲料功能研究室. 绵羊饲养实用技术. 北京：中国农业科学技术出版社，2009.

3. 石明生，焦镭，李鹏伟，等. 平菇菌糠喂羊增重试验. 食用菌，2004（3）：45～46.

4. 汪水平，王文娟. 2003. 菌糠饲料的开发和利用. 粮食与饲料工业，2003，111（6）：37～39.

5. 于苏甫·热西提，艾尼瓦尔·艾山，张想峰. 不同混合比例及时间对番茄渣与玉米秸秆混贮效果的影响. 新疆农业大学学报，2009，32（2）：49～53.

6. 张春梅，施传信，易贤武，等. 添加亚麻酸及植物油对体外瘤胃发酵和甲烷生成的影响. 华中农业大学学报，2010，29（2）：193～198.

7. 张书信，潘晓亮，王振国，等. 番茄酱渣饲用价值的研究进展. 家畜生态学报，2011，32（1）：94～97.

8. 贾志海. 现代养羊生产. 北京：中国农业大学出版社，1997.

9. 张居农主编. 高效养羊综合配套新技术. 北京：中国农业出版社，2001.

10. 赵有璋. 羊生产学. 第二版. 北京：中国农业大学出版社. 中国农业科学技术出版社，2007.

11. 岳文斌，张春香，裴彩霞. 绵羊生态养殖工程技术. 北京：中国农业出版社，2007.

12. 张英杰，路广计. 绵羊高效饲养与疾病监控. 北京：中国农业大学出版社，2003.

13. 李清宏，任有蛇. 家畜人工授精技术. 北京：金盾出版社，2004.

14. 李清宏，任有蛇，宁官保，等. 规模化安全养绵羊综合新技术. 北京：中国农业出版社，2005.

15. 乔海云，林冬梅，刘 伯. 密集繁殖体系在绵羊生产中的应用. 畜禽业，2010（10）：38～39.

16. 任有蛇，岳文斌，董宽虎，等. 特克塞尔羊在山西右玉的胚胎移植效果. 草食家畜，2006，132（3）：35～39.

17. 岳文斌，杨国义，任有蛇，等. 动物繁殖新技术. 北京：中国农业出版社，2003.

18. 岳文斌，张建红. 动物繁殖及营养调控. 北京：中国农业出版社，2004.

19. Angela R，Moss D，Givens I，et al. The effect of supplementing grass silage with barley on digestibility，in sacco degradability，rumen fermentation and methane production in sheep at two levels of intake. Animal Feed Science and Technology. 1995，(55)：9～33.

20. Cao Y，Takahashia T，Horiguchia K. Methane emissions from sheep fed fermented or non-fermented total mixed ration containing whole-crop rice and rice bran. Animal Feed Science and Technology. 2010 (157)：72～78.

21. Grainger C，Williams R，Clarke T，Supplementation with whole cottonseed causes long-term reduction of methane emissions from lactating dairy cows offered a forage and cereal grain diet. Journal of Dairy Science，2010，93（6）：2612～2619.

22. MachmuÈller A，Ossowski D A，Kreuzer M. Comparative evaluation of the effects of coconut oil，oilseeds and crystalline fat on methane release，digestion and energy balance in lambs［J］. Animal Feed Science

and Technology. 2000 (85): 41 ~ 60

23. Mao H L, Wang J K, Zhou YY, et al. Effects of addition of tea saponins and soybean oil on methane production, fermentation and microbial population in the rumen of growing lambs [J]. Livestock Science. 2010 (129): 56 ~ 62.

24. Pen B, Takaura K, Yamaguchi S, R. et al. 2007. Effects of Yucca schidigera and Quillaja saponaria with or without β-4 galacto-oligosaccharides on ruminal fermentation, methane production and nitrogen utilization in sheep. Animal Feed Science and Technology. 2007 (138): 75 ~ 88.

25. Sahoo B, Saraswat M L, Haque N, et al. 2000. Energy balance and methane production in sheep fed hemically treated wheat straw. Small Ruminant Research, 2000, 35: 13 ~ 19.

26. Wang C J, Wang S P, Zhou H. Influences of flavomycin, ropadiar, and saponin on nutrient digestibility, rumen fermentation, and methane emission from sheep. Animal Feed Science and Technology. 2009, 148: 157 ~ 166.

杜泊

特克塞尔

无角道赛特

德国美利努

小尾寒羊

全混合日粮（粉料）

全混合日粮（颗粒）

高丹草

饲用玉米

无芒雀麦

羊场平面布局图

双列式羊舍

单列式暖棚羊舍

饲料加工车间

运动场

消毒通道

青贮窖

干草棚

药浴池